无人机系统导论

马静囡　编著

西安电子科技大学出版社

内容简介

本书共分6章，主要介绍了无人机及无人机系统，内容包括无人机概述、无人机的分类、无人机系统、无人机相关规范、无人机系统的应用及无人机的未来等内容。

本书内容丰富，以大量的图片展示无人机各部分的组成、功能及应用，并且总结了近几年来世界各国对无人机行业颁布的一些新条例、法规等，使读者能够快速、系统地对无人机有初步的认识，提高对无人机的学习兴趣。

本书可作为广大无人机爱好者的初学入门指导书，也可作为高等院校(高职高专院校)无人机等相关专业的教学用书，还可作为科技创新、电子技能及第二课堂活动等的培训用书及参考书。

图书在版编目(CIP)数据

无人机系统导论/马静囡编著. —西安：西安电子科技大学出版社，2018.5(2022.4 重印)
ISBN 978-7-5606-4906-1

Ⅰ. ① 无…　Ⅱ. ① 马…　Ⅲ. ① 无人驾驶飞机—研究　Ⅳ. ① V279

中国版本图书馆 CIP 数据核字(2018)第 068135 号

策　　划　戚文艳
责任编辑　黄　菡　阎　彬
出版发行　西安电子科技大学出版社(西安市太白南路2号)
电　　话　(029)88202421　88201467　　邮　　编　710071
网　　址　www.xduph.com　　电子邮箱　xdupfxb001@163.com
经　　销　新华书店
印刷单位　陕西天意印务有限责任公司
版　　次　2018年5月第1版　2022年4月第4次印刷
开　　本　787毫米×1092毫米　1/16　印张 9.5
字　　数　218千字
印　　数　7001～10 000册
定　　价　23.00元
ISBN 978-7-5606-4906-1/V
XDUP　5208001-4

前言

随着近几年无人机技术的飞速发展，各种无人机层出不穷，而无人机这个词也勾起了很多年轻人的兴趣爱好，许多人都希望能够动手制作出一台属于自己的无人机。本书可供无人机爱好者对无人机的发展、相关条例和法规、应用及制作等进行系统的学习。

当今的无人机除了自己制作之外，还有很多商用无人机也受到消费者追捧，但在使用无人机的过程中，必须遵守当地的法规条例，目前就发生了多起因无人机不规范飞行而引起航班延误的事件。本书的编写就是为了帮助广大无人机爱好者了解相关法规条例以及根据具体的应用场合设计出适合的无人机。

本书的主要特点如下：

(1) **图文并茂，实用易懂。**本书利用大量的图片对无人机的发展、种类、系统组成、应用等方面进行了介绍，无人机爱好者们可通过图片对各类无人机有直观的认识，也更加容易理解其系统的各部分组成及原理。

(2) **涵盖面广，内容丰富。**本书对无人机的介绍不再仅仅局限于消费型无人机或是只完成某一项功能的无人机，而是全面、具体地介绍无人机的种类和应用场合，包括军用、商用、民用等各方面，即使是无人机知识零基础者也能轻易理解其内容。

(3) **时效性强，紧贴实际。**本书归纳总结了一些国家和地区近几年发布的关于无人机飞行的条例法规，时效性强。但是无人机产业是个新兴产业，发展更是突飞猛进，每天都有新的变化，无人机使用者在使用时还需查阅当地相关法规条例。

本书可作为广大无人机爱好者的初学入门指导书，也可作为高等院校(高职高专院校)无人机等相关专业的教学用书，还可作为科技创新、电子技能及第二课堂活动等的培训用书及参考书。

本书共6章，内容包含无人机概述、无人机的分类、无人机系统、无人机相关规范、无人机系统的应用以及无人机的未来等6部分。空军工程大学的张建强老师在全书的编写中给予了很多帮助，在此表示感谢。本书在编写过程中，参阅了许多同行专家的著作及部分网络资料，在此一并表示衷心的感谢。

鉴于编者水平有限，书中难免有疏漏之处，敬请广大读者批评指正。

编　者

2018年1月

目录

第1章　无人机概述

1.1　什么是无人机

1.1.1　无人机的起源

无人机的发展历史实际上就是所有飞机的发展历史。追溯到一千多年前的中国古代三国时期，蜀汉军师诸葛亮(公元180年～234年)被围困于平阳，无法派兵出城求救。诸葛亮(字孔明)算准风向，在纸质气球中点燃油灯以加热空气，制成会飘浮的纸灯笼，系上求救的讯息，其后果然脱险，这就是后世所说的孔明灯。到了19世纪90年代，德国航空先驱奥托·李林塔尔(Otto Lilienthal)首次发明了滑翔机，并且在上千次实验后，将自己多年来的研究和试验写成一本书《鸟类飞行——航空的基础》，独有见地地把飞行和空气动力学联系起来。虽然他在一次滑翔试验中不幸重伤身亡，但他留下的《空气压力数据表》为美、英、法等国的飞机制造者们提供了宝贵的资料。图1.1.1为奥托·李林塔尔试飞滑翔机的照片。如今，无人机通常是指能够模仿有人机机动飞行的自主或遥控操作的空中飞行平台。

图1.1.1　奥托·李林塔尔试飞滑翔机

多年来，无人机的名称也在不断地发生变化，飞机制造商、民航以及军方都对其有不同的称呼。比如航空鱼雷(Aerial Torpedoes)、无线电控制飞行器(Radio Controlled Vehicle)、遥控驾驶平台(Remotely Piloted Vehicle)、遥控飞行器(Remote Control Vehicle)、自主控制平台(Autonomous Control Vehicle)、无人平台(Pilotless Vehicle)、无飞行员的遥控飞机(Drone)以及空中无人平台(即发展为无人机，Unmanned Aerial Vehicles，UAVs)等。

在早期的航空领域，无人机具有很显著的优势，至少可以减少那些发明家、探索家丧失生命及残肢断腿的风险。不过遗憾的是，早期的无人机缺乏成熟的控制方法，因而限制了其推广使用，航空研究从而转向了采用试飞员来驾驶新研制的具有开创性的飞行器，人们为此也付出了惨痛的代价。

随着近几十年嵌入式系统技术及微机电系统技术的快速发展，无人机技术也突飞猛进，有了质的飞跃，尤其无人旋翼飞行器的发展更是如火如荼。现代无人机除了作为消费类产品，主要还用于完成4D任务，即危险的、恶劣的、枯燥的、纵深的任务(Dangerous、Dirty、Dull and Deep)。

1.1.2 无人机系统

无人机系统(Unmanned Aircraft Systems，UAS)是无人系统领域中发展最快、技术水平最高和实践经验最多的。无人机系统通常被认为是含有这样一些子系统的系统，包括飞机(无人机)、任务载荷、控制站(含其他遥控站)、飞机发射与回收分系统、保障分系统、通信分系统、运输分系统等。

无人机系统的首要特征是自主能力，即在不依赖于人或是极少的人为干预的情况下以及在不确定的环境中，自主实现“观察—判断—决策—行动”等一系列任务的能力。而随着无人机自主能力的不断提高，无人机系统的应用范围也不断拓宽，因此无人机系统对于国家空域系统的访问和使用需求不断增加，作为区域或全球空中飞行环境中的组成部分，无人机在要求相应的安全性的同时，还必须要适应空管的规则、法规和要求。

无人机系统与有人驾驶飞机系统通常具有相同的组成部分，但是，对于飞机部分，无人机系统在设计的时候就考虑了飞行员不在机上，飞行员(作为一个子系统)通过人机接口控制飞机，座舱位置被电子设备和控制子系统所代替。其他部分如发射、着陆、回收、通信、保障等设备，有人机系统和无人机系统是相同的。

无人机通常具有一定程度的自主能力，具备与控制者进行通信的能力，可以传回任务数据。比如无人机可将任务载荷数据如光电、红外电视图像以及位置、空速、航向、高度等主要状态信息传输到地面，同时还可将内部状态数据如剩余油量、发动机、电子器件工作温度等传回到地面控制站。如果任何一个子系统或部件出现故障，无人机就会自动地采取相应的措施，或者向操控人员报警。比如，地面控制台与无人机之间的通信链路中断，无人机可自动寻找无线电波束，重新建立通信链路或切换到另一个不同频段的链路上。

在过去的几十年中，随着很多新技术的出现，无人机系统技术得到快速发展，但是无人机还有其他更多更智能的功能，等待研究者与开发者进一步开发与研究。

1.2 为什么要使用无人机

相对于有人驾驶飞机而言，无人机存在一些独有的特点和优势，因此近些年来，无人机技术成为一项技术热点。

无人机有很多优点，包括造价低廉，运营成本低，不需要飞行员驾驶，节约人工成本和飞行员培训费用，更安全，出事故时不会造成飞行员伤亡等；此外无人机还可以长时间滞空飞行，能很好地完成侦察、情报收集、跟踪监视等任务。

虽然无人机有众多优点，但是对无人机与有人驾驶飞机并不能单纯地说孰好孰坏，需要根据使用的环境与任务需求等方方面面的因素来决策使用哪一种飞机能够更好地完成任务。前面我们讲过在完成4D任务时，通常会采用无人机，下面我们逐一介绍为何在这些环境中使用无人机。

1.2.1 危险任务

危险任务是指有人试图击落飞机或者飞行员在操作上可能面临额外的生命风险。

在军事应用上，无人机可用于重点军事地区的侦察工作。它体积小、隐身好、不易被地方防空系统探测到，同时不易被防空火炮或导弹击落，更重要的是，避免了飞行员被俘或是失去生命的风险。

在民用上，无人机可执行一些电力线巡查、森林防火等任务，这些任务对于驾驶员来说都是具有生命危险的。

总之，在危险的环境中执行任务，无人机可有效地减少人员生命损失的风险。

所以不论是在军事上还是民用上，在极端危险的环境中，使用无人机完成任务都是首选。

1.2.2 恶劣任务

恶劣任务是指完成任务的环境可能被一些化学、生物、放射性物质及核废料污染，对人体及生命有巨大的危害。

在军事和民用上，无人机都可以进行恶劣地区的环境监测，比如无人机可进入核污染地区监测环境污染指数，这种情况下使用无人机可以完全避免对飞行员身体的伤害，而且无人机体积小的特点使得人们更容易清除机上的污染源。

1.2.3 枯燥任务

枯燥任务是指重复性的、持久性的任务。

飞行员在执行这类任务时容易产生疲劳、紧张等状态，使注意力不集中，影响安全及任务完成情况。利用无人机执行任务，可大大减少这种情况，比如在大范围的监视中，无人机可携带高清晰、低照度电视及热成像仪或扫描雷达，比之飞行员长时间不休息、不间断地观察，能更有效地完成任务，同时，地面控制台可实时观察及记录情况。

1.2.4 纵深任务

纵深任务是指超越有人机作战半径的任务。比如在军事和民事警察行动中，至关重要的一点是不能让“敌方”察觉已经被监测，而无人机低探测的特性使其更适合完成该类任务。

还有在深空、深海、深地等不适合人类生存的地方，利用无人机去探测会事半功倍。

1.2.5 环境因素

环境因素主要体现在民用方面。通常无人机体积小、重量轻、能源消耗少，因而产生的噪声和排放也小。在完成同一任务时，无人机产生的环境影响和污染要小于有人机，比如有人机在电力线往复巡查时，当地居民经常反映噪声大，农场的动物们也因低空飞机的噪声及看到低空飞行物而感到恐慌，而使用无人机则影响小得多。

1.2.6　科学研究

无人机正在被用于航空领域的研发当中。无论是在军事上还是民用上，一些新研发的技术在应用之前，都需要先进行飞行测试，利用无人机代替有人驾驶飞机，既能节约经费，又能保障飞行人员的安全。尤其是一些大型有人机，用无人机代替试验，验证后的修改完善也具有成本低、快捷的特点，更在设计时可免于飞行员的座舱和工作环境的考虑。

还有一些新型的结构布局设计并不适合有人驾驶的飞机，但是对于无人机则可大大提高其性能。

1.2.7　经济因素

无人机与有人机相比，在完成相同任务时，首次购置费、维修费、燃油费、存放保管费以及无人机操控人员的工资、保险等费用都比使用有人机低很多，这就大大节省了经费。

无人机的明显优势就是在造价上远远低于有人机，因为不需要考虑机上人员，可大大简化设计。比如，有人机需要承受飞行员的重量，并且考虑到飞行人员的安全性，在体积上就会大很多，需要承载的重量至少 230 kg，包括机体、挡风玻璃、门、框架、护眼设备等，而同样功能的无人机重量仅仅 10 kg。

当然，无人机的重量体积优势也不是绝对的。对于一些要求承载较重载荷的任务，如承载武器、货物等，这些飞机本就体积偏大，有无人员驾驶对飞机的承重并无太大的影响。

虽然无人机可以大大节省经费，但在民航方面的应用还有待于观察。首先，如果民航采用无人机，地面费用如航线广告、票务、登机检验、行李处理、安全、防火、海关、航管、设备维修等这些主要费用并不会降低，或许还会升高；其次，虽然无人机不需要驾驶员，但是机组人员却不能缺少，甚至机组人员及乘客的保险费用等还会升高；最后，由于无人机目前刚开始大范围使用，其长距离的导航和控制还有一定的风险，乘客从心理上还不能很快接受无飞行员的飞行。

1.3　无人机的发展历程

1.3.1　早期无人机

从莱特兄弟发明第一架飞机开始，采用翘曲机翼方法进行滚转控制的技术使航空技术获得了巨大的进步，该技术在第一次世界大战中得到了推广使用。在一战期间，航空事业开创了一段令人难以置信的技术创新时期，创新技术涵盖了飞机的各个方面，包括动力装置、机身结构、升力机翼配置以及控制面的布局等。在此期间，航空技术上最大的认识就是实现有效飞行控制这一关键技术。

莱特兄弟于 1903 年首次飞行，而发明家尼古拉·特斯拉在 1898 年研制出了世界上第一枚“遥控自动化”的水下制导鱼雷，之后便提出了利用遥控驾驶飞机作为飞行制导炸弹的想法。在这之后，另一位发明家埃尔默·斯佩里研制出一种3轴机械陀螺仪系统，可以从陀螺仪获取参数并将其转化为简单的磁信号，进而作用于执行器，从而他完成了世界上首架实用机械自动驾驶仪的设计。此后，斯佩里与机身设计师格伦·柯蒂斯在一战期间，终于实现了世界上第一种实用无人机——航空鱼雷。

斯佩里在之后的研究中，根据美国海军的指示，要建造一种体积小、重量轻的飞机，这种飞机能够在没有飞行员操纵的情况下自行发射，在无人驾驶的条件下通过制导飞行到1000码(914.4 m)以外的目标，然后在距离军舰足够近的地方引爆弹头，对军舰形成有效的打击。图1.3.1所示为早期的无人机。

图1.3.1 早期无人机

美国海军的要求对斯佩里的团队来说，是一项巨大的挑战。直到1917年美国加入第一次世界大战后，该项目才初步实现并且开始测试。但是这一项目在试验中出现了很多差错，如弹射器故障、引擎停车，多个机身先后因失速、翻转和侧风等原因而坠毁，甚至“柯蒂斯”N-9航空鱼雷多次坠毁、各类组件曾完全失效。不过由于美国海军提供了大量资金，斯佩里团队最终于1918年3月6日成功地实现了“柯蒂斯”原型机的无人发射，其成功平稳地飞行了914.4 m，并在预定时间和地点俯冲飞向目标，随后成功回收和降落，从此世界上第一架真正的无人机终于诞生了。

1.3.2 无人靶机

在两次世界大战之间的和平时期，美、英、日、德等国都将目光放在了无人靶机的技术应用上，这主要是因为在经过第一次世界大战后，世界各国军队对防空武器的研究都加大了关注。

1933年，雷金纳德·丹尼完善了一种无线电遥控飞机，它只有10 ft(1 ft=0.3048 m)长，采用单缸8马力(5884 W)的发动机。美国陆军将这种飞行器命名为OQ-19，后又改称为MQM-33。这种灵活轻便的无人机共生产了约48 000架，在整个第二次世界大战期间成为世界上最受欢迎的无人靶机。同时，美国海军也不甘示弱，20 世纪 30 年代末，他们研制出了“柯蒂斯 N2C－2”无人靶机，如图 1.3.2 所示，这种靶机重 1134 kg，采用径向引擎和双翼设计，在解决如何确定海军防空高炮威力不足这一问题上发挥了积极作用。美国海军在此计划下，还开发出用有人机控制无人机飞行的技术，而这一技术在 2007 年的伊拉克战争中得以重新运用并取得了极好的效果。

图 1.3.2 “柯蒂斯 N2C－2”无人靶机

英国皇家海军也曾尝试使用相同机身开发无人航空鱼雷和无人靶机，期间曾多次尝试从舰艇发射，但均以失败告终。皇家飞机制造厂(Royal Aircraft Establishment，RAE)最终通过将远程火炮与“山猫”(Lynx)发动机结合起来的办法获得了成功，这种结合体称为 Larynx。紧接着，英国皇家空军又在现有有人机上装上自动化控制装置，开发出第一种实用的靶机，其主要是将“费尔雷童子军－111F”(Fairey Scout)有人机改装为陀螺稳定的无线电遥控飞机，现称为“女王”(Queen)。当时共建造了 5 架，但是只有最后一架在海上射击试验中取得了成功，其余均在首次飞行时坠毁。之后，英国皇家空军又将“费尔雷”飞行控制系统与具有高稳定性的德哈维兰“舞毒蛾”(Gypsy Moth)相结合，组装成现称为“费尔雷蜂后”(Fairey Queen Bee)的无人靶机，经过试验，这种靶机比先前的“女王”更加可靠。英国皇家空军共制造了 420 架“费尔雷蜂后”无人靶机，并且都用字母 Q 表示无人操作。

1.3.3 二战期间的无人机

第一次世界大战末期，无人机开始崭露头角，到了第二次世界大战，无人机技术更是有了突飞猛进的发展。美德等国都在积极发展无人机技术。

美国海军借鉴其在 20 世纪 30 年代研制 N2C－2 无人靶机的经验，利用有人机控制无人机飞行的技术，开发了一种大型航空鱼雷，现更名为无人攻击机。初期，无人攻击机采用技术验证型 TDN－1 的形式，1940 年初生产了 200 架，如图 1.3.3 所示。该无人机采用的一项突破技术就是第一次在机头安装了一个重 34 kg 的原始 RCA 电视摄像机作为探测传感器，从而使遥控人员可以从防区外对其实施更准确的末端制导，虽然这种电视摄像机的可靠性和分辨率相对较差，但这确实是一项非凡的新技术集成应用。后期，TDN－1 被更先进的型号 TDR－1 无人攻击机所取代，TDR－1 共生产了约 140 架，在太平洋战场列装了一支空军特遣部队，在1944年的布干维尔岛战役中用于对日作战，获得了一定的成功。在作战过程中，配有无线电发射机的美国海军“复仇者”鱼雷轰炸机被用作引导机，用无线电对其飞行进行控制，“复仇者”飞机上装有一个电视接收器，机上操作员可将无人机引导到25海里以外的目标。整个战役中，共有约50架无人机被用来攻击各种目标，成功率约为33%。

图1.3.3 TDN-1无人攻击机

德国的V-1“蜂鸣”飞弹是二战期间最重要的无人机，它是一种喷射推进式炸弹。该机在20世纪30年代早期保罗·施密特发明的使用脉动喷气发动机的基础上，将先进可靠的轻型3轴陀螺稳定自动驾驶仪、能准确提供发射点数据的基础无线电信号系统以及可防战斗损伤的坚固钢制机身集成一体。V-1是第一种投入批量生产的巡航导弹型无人机，其结构对战后许多无人机的设计产生了深远影响，V-1型飞弹如图1.3.4所示。

图1.3.4 德国的V-1飞弹

德国的V-1飞弹是世界上第一种喷气动力的无人机，重约2268 kg，可携带重达816.5 kg的弹头，发射系统是现代无人机系统常用的地面/空中发射方式和强大的气动弹射系统，其脉动喷气发动机是一种简单轻型、高推力的动力装置，采用压缩-爆炸循环的原理，在0.02 s内通过闭合的极细导管将燃气直接引向排气管，在飞行中发动机的这些循环产生了标志性的蜂鸣声。

V-1生产成本低、推力大、性能可靠，在二战期间曾大批量生产并且投入使用，对未来无人机的设计研究产生了巨大的影响。

二战期间，德国除了 V－1 飞弹，还制造了大量背负式构型的飞机，即“槲寄生”轰炸机，它主要是解决 V－1 在向预定终点飞行时目标不太确定这一问题，也就是将无人机与有人机相结合，由有人机引导无人机穿越飞行，在接近目标终点时，二者分离并且由有人机将无人机引导到目标。这种编队形式在战场上收效并不理想，所以应用也不广泛。

1.3.4 早期其他无人机

从首架无人机试飞成功开始，直到第二次世界大战以及之后的冷战时期，各国都对无人机做了大量的研究，期间出现了无人侦察机、雷达诱饵及无人直升机等。

第二次世界大战结束后，无人机主要向侦查及监测方面发展。其实在二战时期，无人机平台已基本成熟，只是成像及导航等技术不能使无人机更好地完成任务。战后，随着雷达测绘的出现和无线电导航技术的改进以及罗兰型网络和惯性导航系统的运用，无人机终于可以自主飞行并且精确地在出发地与目的地之间飞行。第一架高性能无人侦察机是在高空靶机 YQ－1B 上加装相机改装而来的，后称为 GAM－67，这种以涡喷发动机为动力的飞机原来是从 B－47 飞机上发射用来执行压制敌防空系统任务的。

在 20 世纪 60 年代到 70 年代越南战争期间，为了应对雷达探测，出现了无人机诱饵。这种无人机携带的小型雷达发射器可产生一个模拟实际轰炸机的雷达返回信号，但是这种雷达诱饵随着雷达分辨率的提高，效率越来越低。

美国空军还研制出一种远程高速无人机，主要用于执行侦察任务，后来逐渐扩展到压制敌防空系统、武器投射等一系列其他任务。型号为 AQM－34“萤火虫”系列无人机，如图 1.3.5 所示，飞行高度可达 15 250 m 以上，速度可达 1105 km/h。这款被称为“虫子”的无人机服役生涯很长，可以在高空、低空等各种空间飞行，执行电子信号情报搜集、照相侦察、发射雷达诱饵等各种任务。该无人机后来在多次战争中使用并进行了改进，完成了很多高难度任务。

图 1.3.5 AQM－34 无人机

美国海军在 20 世纪 60 年代制造的 QH－50 DASH 是第一种无人直升机，也是第一种在海上从舰艇上起降的无人机，其主要的作用是增加反潜鱼雷的射程。它采用遥控方式，由飞行员操纵起降，然后采用陀螺稳定自动驾驶仪引导其到达母舰雷达跟踪到的位置。不过这款无人直升机在 70 年代后期结束服役。

1.3.5　现代无人机

现代战争中，无人机近距作战的首次战役是在1982年的以叙贝卡空战中，而无人机的首次大规模作战是在1991年的“沙漠风暴”行动中。美军及其盟军从“沙漠盾牌”到“沙漠风暴”行动一直在使用无人机，使用数量最多的是现在广为人知的双尾桁推进式“指针”和“先锋”无人机，图1.3.6所示为“先锋无人机”。

图1.3.6　“先锋”无人机

然而从20世纪90年代到“911”恐怖袭击的这段时间内，无人机发展得非常缓慢。在这期间，主要在计算机的小型化、紧凑化和低成本化、GPS信号精度的提高及设备微型化上取得了突出的成就。“911”袭击发生时，美国陆军仅有30架无人机，而到2010年，已超过2000架无人机。无人机能完成各种环境复杂、危险系数高的任务这一特点，注定了其在未来战场上不可或缺的地位。

近几年，无人机产业迅猛发展，除了军事上，民用无人机占了相当大的一部分比例。因其体积小、成本低、易操控等特点，所以在航拍、监测、探测、救援等各方面都有所应用。世界各国都在不断地开发出无人机的新功能、新技术，这也使无人机技术发展得越来越快，其功能性能更是日新月异，可完成的任务种类也越来越多。在未来，无人机还有很大的研究与探索空间。

1.3.6　中国无人机的发展

中国无人机的研究始于20世纪50年代后期，1959年已基本摸索出“安-2”和“伊尔-28”两种飞机的自动起降规律。60年代中后期投入无人机研制，形成了“长空一号”(CK-1)靶机、“无侦5”高空照相侦察机和D4小型遥控飞机等系列，并以高等学校为依托建立了无人机设计研究机构，具有自行设计与小批生产的能力。中国生产的各种型别的无人机，基本上满足了国内军需民用，并且逐步走向国际市场。

1. “长空一号”靶机系列

中国无人机师从苏联，事实上是以苏联不成熟的无人机“拉-17”为起点，中国和苏联各自从这个起点发展，形成两个分支。当年中国获得苏联不太成熟的“拉-17”无人机，后来因为政治原因，苏联撤走技术力量，导致中国只能自己继续研发无人机。“拉-17”之所以被称为不成熟，是因为该飞机性能差，使用空域窄，续航时间短，只能飞十几分钟，这也就注定“拉-17”的命运只能当做靶机。

1）“长空一号”中高空靶机

中国在“拉-17”的基础上，研制出“长空一号”无人机(CK-1)，如图1.3.7所示，但是与“拉-17”相比，有了明显的改进。“长空一号”是一架大型喷气式无线电遥控高亚音速飞机，可供导弹打靶或防空部队训练使用。“长空一号”经过适当改装可执行大气污染监控、地形与矿区勘察等任务。该机采用典型高亚音速布局，机身细长呈流线形，机翼平直，展弦比大，水平尾翼呈矩形，安装在垂直尾翼中部。其机身前、后段为铝合金半硬壳式结构，发动机及其进气道装在机身下部的吊舱内；翼尖短舱、尾翼翼尖、进气道唇口、机头与机尾罩均用玻璃钢制造；中单翼结构的矩形机翼采用不对称翼剖面，有2°的下反角，机翼安装角为0°45′，机翼翼尖处吊有两个翼尖短舱；水平尾翼安装在垂直尾翼中部，平尾和垂尾均采用对称翼剖面的矩形翼面；机翼和尾翼均为铝合金单梁式薄壁结构；机载设备、自动驾驶仪分别装在前后段，机身中段为压力供油式油箱。设计中直接利用机身外壳作为油箱壁，减轻了重量。改进型号的机翼下有两个小型副油箱。

图1.3.7 “长空一号”无人靶机

“长空一号”的起飞非常有特色，采用一架可回收的发射车进行助推起飞。在一张澳大利亚“金迪维克”小车图片的启示下，中国工程院院士、空军某试训基地一区二站总工程师赵煦找到了地面起飞车的灵感。飞机固定在发射车的3条短滑轨上，发动机舱底部有一推力销，用于固定。起飞时飞机发动机启动，带动发射车开始滑跑，当滑跑速度达到275 km/h时，飞机已经得到足够的升力可以升空。这时推力销在发射车上的冷气动筒作用下拨开，飞机脱离发射车，开始爬高。发射车因无动力而减速，随后地面人员发出无线电指令，抛出制动伞，并控制刹车使发射车停住。发射车可重复使用，发射车内装有航向自动纠偏系统，确保在1000 m滑跑距离内航向偏离维持在30 m内。发射车助推起飞固然减小了无人机本身的复杂程度，但与空投或火箭助推起飞方式相比，较为复杂和麻烦，当然好处是省却了调用有人飞机作为母机，因为“拉-17”靶机使用空投方式放飞，需要调用有人飞机作为母机。

“长空一号”起飞85 s后开始转入机上程序机构控制飞行，之后由地面站通过雷达信息和其他手段，发出适当的无线电指令进行遥控。“长空一号”C型能进入地面武器射击区域2～8次，提供射击机会。

“拉-17”使用的是推力较小的发动机，“长空一号”后来改用一台改进的 WP-6 涡喷发动机，尾喷口改装成固定式，可通过改变发动机转速来调节推力，海平面额定静推力为 21.1 kN，最大静推力为 24.5 kN。该发动机原为歼-6 所采用，整体油箱的容量为 820 L，燃油质量为 600 kg，B、C 型加副油箱后，燃油质量达 840 kg。由于 WP-6 发动机推力比原来的发动机大 7 倍，而“长空一号”外形不变，使得起飞过程中不可避免地产生了过早升力矩，致使靶机起飞试验一直有问题。后来采取了与一般飞机起飞时减小低头力矩、增强升力相反的方法，在“长空一号”起飞时加大其低头力矩解决了这一问题。

“长空一号”的降落和世界其他无人机相比略显笨拙，实际上是一种硬着陆。当其在无线电指令指引下进入预定着陆场地时，在 500 m 高度自动拉起，然后进入无动力下滑。接地时保持较大的攻角，尾部首先着地，发动机吊舱和尾喷口吸收部分撞击能量，实现主体部分回收。机体经修复后即可再次使用，这种不完全的重复使用，在使用费用、维护难度上有较负面的影响。

2) “长空一号” 核试验取样机(CK-1A)

我国于 1977 年 3 月下达了把“长空一号”靶机改装为核试验取样机的任务。

核试验穿云取样，是核武器研制工作的一个重要环节。过去用有人机取样，不仅有可能损害飞行员的健康，而且由于穿云时间安排较晚，取得的样品不够“新鲜”，影响对试验的鉴定、分析。南京航空学院科研人员怀着为国防建设服务、对飞行员的人身健康高度负责的责任感开展了研制工作，他们在短短的半年时间里就研制出 3 架取样机并进行了多种试验，在正式试用前又做了有歼 6 飞机跟踪的模拟试飞。试验与试飞结果表明，取样机的研制是成功的。1977 年 9 月 17 日，一架“长空一号”取样机参加了中国一次核试验的穿云取样飞行。爆炸时，取样机距爆炸中心 150 km，飞机按照预定的航线飞行，打开取样器门后两次穿过烟云，十几分钟后在预定地点着陆。飞机基本完成任务，取样器无损伤，取到了“新鲜”的样品。

南京航空航天大学为核试验工程提供了多架取样机，先后参加了 4 次核试验，取到足够剂量的样品，圆满地完成了预定任务。1980 年，无人机完全取代了有人机取样的落后方式，“长空一号”取样机如图 1.3.8 所示。

图 1.3.8 “长空一号”取样机

3) “长空一号”大机动型靶机(CK-1C)

为了加强国防力量，对一批高性能导弹进行鉴定试验，急需一种能在低空和中空作高速水平急转弯飞行的大机动型靶机。这种靶机在中国尚属空白，世界上也只有少数几个国家能够生产。

由于军方需要一种能作坡度为70°～77°的高速水平大机动飞行的无人机，国家下达任务，要求南京航空学院从1983年初开始，在一年半之内，研制出高性能的大机动靶机，并且随后制造一批供导弹打靶使用。任务艰巨、技术复杂、周期短促，这就要求在总体方案上不能有失误，在试制生产上不能有返工，每项工作都要做得又快又好、有条不紊。接受任务后，南京航空学院急国家之所急，作出了全力以赴完成任务的决定，成立了以院长为首的研制领导小组，建立了总设计师系统和行政指挥系统，应用系统工程的管理办法，试行承包责任制，使研制工作很快在全院铺开。

总设计师吕庆风、副总设计师罗锋主持确定了以"长空一号"低空靶机为原准机的设计方案。他们面临的技术关键是推力、结构、飞行控制、供油、电磁兼容、电网络和飞行轨迹方面的改进设计，其中难度最大也最关键的首推飞行控制系统和供油系统。

"长空一号"C型采用了适合大坡度转弯飞行的供油系统。C型在中段机身前端加装了1个全封闭油室，在飞行过程中保持充满燃油的状态，确保在所有的飞行姿态下都能连续供油。C型换装了适合大坡度机动飞行的自动控制系统，其主要改进包括在副翼通道中引入滚转角积分信号，提高对滚转角的控制精度，保证左右两边建立坡度对称；在升降舵通道中引入高度和高度变化率信号，改善了高度保持系统的动态性能，提高了平飞时高度的稳定性；在3个通道中加入软化电路，在不影响原闭环回路的前提下，达到了控制平衡及良好补偿的效果。为避免过载超过规定值，采取了阶跃改变减小升降舵通道中的控制量的措施。为防止严重排高，使系统能及时退出转弯，改为平飞或小过载飞行。C型的转弯坡度分3挡，即35°、60°和75.5°，分别表示一般机动、中机动和大机动飞行。

新的飞行控制系统要能保证按照合理的规律控制发动机推力和飞机的3个舵面，以实现飞行速度和飞行高度都比较稳定的急转弯飞行。设计人员为此改进了自动驾驶仪的部件，进行了地面离心转台试验、全系统的数模混合试验和实物动态模拟试验，终于达到了技术要求。为实现大机动转弯时的协调控制，美国采用高精度过载传感器来调整坡度，保持过载。在国内还没有这种传感器的情况下，设计人员创造性地采用国产其他设备来协调转弯，达到定高飞行，同样实现了机动过载。

为确保机动飞行的正常供油，设计人员采取利用发动机压缩空气增压供油的方案，设计出独特的供油系统，突破了无人机研制中的又一关键技术。

1984年7月，两架试飞样机制造完成，9月在试验基地试飞，一举成功。水平转弯的机动过载达到4G。到1984年底，南京航空学院又试制出8架大机动型靶机。在1985年2月至3月进行的一种高性能导弹的鉴定试验中，用4架靶机就完成了5次导弹有效发射的供靶任务。

"长空一号"大机动型靶机具有满足不同类型导弹靶试要求的优良性能。"长空一号"靶机系列在研制过程中，除中高空型机有5次试飞失败外，后面3个改进型都是首次试飞即告成功。迄今各种类型靶机已放飞许多架，无一飞行事故。

2. 高空无人驾驶照相侦察机——"无侦5"(长虹-1)

为了国防建设和科学研究的需要，1969年国家下达研制高空无人驾驶照相侦察机的任务，研制工作由北京航空学院承担，该机型主要用于军事侦察、高空摄影、靶机或地质勘测、大气采样等科学研究。

“无侦5”无人机是一种在高空、高亚音速条件下飞行，执行昼间高空摄影侦察任务的无人机。它使用的可见光照相机能绕其纵轴左右摇摆，从5个窗口进行拍摄。飞机上装有一台小型、短寿命的涡喷11型发动机，装有一整套自动控制系统和无线电遥控遥测系统。飞机本身无起落架等起飞着陆装置，它需由大型飞机(母机)带飞到4000～5000 m的高度投放。它的母机是运八-E，由母机携带起飞，空中投放后自动爬升到工作高度，在飞行中，按预编程序控制高度、航速、飞行时间和航程。完成任务后自动返航，飞到回收区上空，飞机可在程控或遥控状态下进行伞降回收。机身分为雷达舱、照相舱、油箱、发动机短舱、航空电子舱和伞舱。飞机在执行可见光照相侦察任务时，照相机的镜头能绕其纵轴倾斜旋转或垂直向下，从5个照相窗口进行拍摄。“无侦5”无人机如图1.3.9所示。

图1.3.9　“无侦5”无人机

为研制这种先进的高空无人驾驶照相侦察机，北京航空学院承担了研制飞机机体、发动机和地面无线电控制站的任务，并负责飞机的总装、总调和飞行试验。为此，他们迅速组成工作班子，集中全院的技术力量投入研制工作，1972年制造出两架无人机，1976年又制造出两架无人机且全部使用了国产材料。

在“无侦5”无人机的研制过程中，进行了大量的科研试验。飞机制造完成后进行了7次试飞。1972年无人机首飞成功；1973年的第二次试飞，空中照相经判读效果良好；1975年进行的大高度中航程科研试飞，达到了预定目的。对生产的多台发动机，仅整机地面试车就进行了上百小时。地面控制站除参加7次无人机试飞考核外，还单独组织了4次陆地和海面低空作用距离等飞行试验，累计飞行120架次。为了验证无人机的强度，1972年10月做了全机静力试验和全机振动试验，全都达到设计要求。机载设备也按照技术条件规定，先后进行了高低温、高空、振动、冲击等十几项环境试验。

“无侦5”无人机于1978年完成定型试飞，同年，北京航空学院正式成立无人机设计研究所，下设总体、结构、发动机、自动控制、无线电等研究室和部装、总装车间及环境试验室。1980年国家批准“无侦5”设计定型；1981年起开始装备部队，在部队训练和战术侦察中发挥了作用。

“无侦5”无人机主要用于照相侦察，如装其他相应设备，还可用做取样机、靶机等。“无侦5”的研制成功，是我国在无人机技术领域里的一次飞跃。

“无侦 5”的主要参数见表 1.3.1。

表 1.3.1 无侦 5 的主要参数指标

参数名称	参数指标
动力装置	1 台 WP-11 小型涡喷发动机，海平面最大静推力 8.33 kN
主要机载设备	光学照相机，电视摄像机/前视红外摄像机
尺寸数据	翼展 9.76 m，机长 8.97 m，机高 2.18 m，机翼面积 10.62 m^2
重量及载荷	最大起飞重量 1700 kg，任务设备重量 65 kg，空机重量 1060 kg，燃油重量 620 kg
性能数据	最大平飞速度 800 km/h(高度 17 500 m)，实用升限 17 500 m，航程 2500 km，最大续航时间 3 h

3. ASN 系列无人机

西安爱生技术集团公司(西安无人机研究发展中心)是航空工业总公司设在西北工业大学集科、工、贸于一体的现代化高科技企业，主要研制和生产系列化小型无人机系统，被国务院发展研究中心确认并入选“中华之最(1949—1995)”，是我国最大的无人机科研生产基地。

近几十年来，该公司研制出 B-1、B-2、D-4、ASN-104、ASN-105、ASN-206、ASN-7、ASN-9、ASN-12、ASN-15、鸭式飞机等十多种型号的军用和民用无人机，已累计生产 4000 余架。其中，ASN-206 获国家科技进步奖一等奖，ASN-105 获国家科技进步奖二等奖，D-4 多用途无人机获国家科技进步奖三等奖。ASN 系列无人机大量装备全国各大军区，并已批量出口国外。

1) ASN-206 通用小型无人机

ASN-206 多用途无人驾驶飞机是由西北工业大学西安爱生技术集团研制的，如图 1.3.10所示。该机于 1994 年 12 月完成研制工作。西方传闻该机是在以色列 Tadiran 公司的技术支持下研制的。ASN-206 是我军较为先进的一种无人机，尤其是它的实时视频侦察系统，为我军前线侦察提供了一种利器。1996 年该机获国家科技进步一等，同年在珠海国际航展上展出，现已投入批量生产。

图 1.3.10 ASN-206 多用途无人驾驶飞机

ASN-206 系统配套完整，功能较为齐全，设计考虑了野外条件。全系统包括 6～10 架飞机和 1 套地面站，地面站由指挥控制车、机动控制车、发射车、电源车、情报处理车、维修车和运输车等组成。该机在军事上可用于昼夜空中侦察、战场监视、侦察目标定位、校正火炮射击、战场毁伤评估、边境巡逻等。民用用途包括航空摄影、地球物理探矿、灾情监测、海岸缉私等领域。

ASN－206无人机采用后推式双尾撑结构形式，这一布局的好处是由后置发动机驱动的螺旋桨不会遮挡侦察装置的视线。机身后部、尾撑之间装有1台HS－700型4缸2冲程活塞式发动机，功率为37.3 kW，巡航时间为4～8 h，航程150 km。

ASN－206的侦察监视设备包括垂直相机和全景相机、红外探测设备、电视摄像机、定位校射设备等。更重要的是，ASN－206装有数字式飞机控制与管理系统、综合无线电系统、先进任务控制设备等，借助这些系统，ASN－206可以在150 km纵深范围内昼夜执行作战任务。

ASN－206侦察情报信息时，由白光/红外摄影机拍到的视频影像可以实时传输至地面站进行观察和监视。定位较射系统能实时地指标地面目标的坐标和校正火炮射击。

ASN－206利用固体火箭助推起飞，零长发射，伞降回收，可多次使用，不需要专用起降跑道。

ASN－206当然与“全球鹰”不在一个级别上，因此，1997年—2001年我国空军科研人员综合运用现代高新技术，研制成功某型无人机，使我国大型无人机总体性能、技术走在世界前列。

2）ASN－104小型无人侦察机

ASN－104(原编号为D－4)是西北工业大学西安爱生技术集团研制的一种小型低空低速无人驾驶侦察机，如图1.3.11所示。1980年3月开始研制，1982年10月首次试飞，1985年投入小批量生产。ASN－104主要用于军事侦察和民用航空测量。

图1.3.11　ASN－104小型无人侦察机

该无人机侦察系统配备有侦察机6架，地面站1套(包括指挥控制车、机动测控车、照相洗印和情报处理车各一辆)，能为陆军提供前沿阵地向敌方纵深60～100 km以内战场的空中侦察情报和进行实时监视。该机装有大幅面、超广角的航空侦察照相机，一次飞行拍摄面积达1700 km^2。该机不需机场和跑道，借助火箭助推，在发射架上零长发射起飞，起飞完成后，火箭自动脱落。飞机采用降落伞回收，飞机腹部装有减震器和一双滑橇，以吸收着陆时的冲击载荷。ASN－104 的遥控距离为 60 km，其发展型 ASN－105 的遥控距离为 100 km。

3）ASN－9(B－9H)无人机

ASN－9 无人机装有 2 具 3 叶拖靶，作为舰炮实弹打靶的靶标，也可以装电光弹作为导弹和实弹打靶的靶标，该机在舰上火箭发射，伞降海上回收。

4）ASN－7(B－7)无人机

ASN－7 是小型快速空中靶机，用于进行地空合练和实弹打靶训练，可以拖靶飞行，也可以供导弹打靶，还可以作为空中平台进行航空侦察和遥测。该机采用火箭助推、发射架或拖车上零长发射。

4. 其他系列无人机

1）WZ－2000 隐身无人机

WZ－2000“千里眼”无人侦察机由中航一集团所属贵州航空工业(集团)有限公司研制，该机采用轮式起降，航程约 2000 km，装有一台国产涡扇 11 小型发动机，发动机进气道位于机背后部，如图 1.3.12 所示。

图 1.3.12　WZ－2000 隐身无人机

WZ－2000 采用了翼身融合技术，双垂尾略微外倾，加上隆起的机鼻，乍一看与美国的“全球鹰”无人侦察机外形极其相似。

WZ－2000 隆起的机头内安装有卫星通信设备或其他任务设备，因此该机可在全天时全天候条件下通过卫星向指挥部实时提供战区图像、电子情报，完成侦察和监视任务。这与美国“全球鹰”无人侦察机所执行的任务大体相同，只是 WZ－2000 航程较短，尺寸较小。

2）“蜂王”无人机

国防科技大学研制的“蜂王”无人机有多种型号，可满足不同需求，其中“蜂王－100”无人机具有长航时、自主导航能力，装备有 GPS 组合导航系统、CCD 电视摄像机，图像可实时传输到地面。该机飞行半径为 100 km，飞行升限为 5000 m，飞行速度为 90～150 km/h，飞行时间大于 4.5 h，可携带 5～8 kg 有效载荷。无人机全长 2.35 m，翼展 2.82 m。“蜂王－8”无人机全机重量仅 6 kg，可手掷起飞，装备有 GPS 定位系统、CCD 电视摄像机，图像可实时传输到地面。该机飞行半径为 6 km，飞行升限为 3000 m，飞行速度为 40～79 km/h，飞行时间大于 60 min。无人机全长 2 m，翼展 2.7 m。

3）“翔鸟”无人驾驶直升机

“翔鸟”直升机由南京航空航天大学研制成功，其多项技术为国内首创。这一直升机可实现自动控制和超远距飞行，时速可达 150～180 km/h，续航时间为 4 h，如图 1.3.13 所示。

图 1.3.13 “翔鸟”无人驾驶直升机

4）“翼龙”无人机

“翼龙”无人机是中国成都飞机设计研究所研制的中低空军民两用、长航时、多用途无人机，装配一台 100 马力(73 550 W)活塞发动机，具备全自主平轮式起降和飞行能力，如图 1.3.14 所示。

图 1.3.14 “翼龙”无人机

“翼龙”无人机是中国无人机制造领域的“当家明星”，外形酷似美国较大的无人机 MQ－9，但大小和 MQ－1“捕食者”类似。该无人机重 1100 kg，长 9 m，翼展有 14 m。“翼龙”无人机最高可以飞到海拔 5300 m，航程可达 4000 km，可用于军事和非军事行动。

翼龙无人机不仅具备对敌目标进行精确打击的能力，还能够携带侦察设备对敌方目标进行远距离长航时侦察，总体性能已经达到了国际上同类型无人机的先进水平。从技术指标来看，该机性能酷似美军著名的“捕食者”无人攻击机，“捕食者”无人机以在伊拉克和阿富汗制造“斩首行动”而闻名。据了解，该机性能不亚于美军“捕食者”，但价格却远比对方低。

5）“中国利剑”隐身无人机

“中国利剑”隐身无人机是我国研制的新一代隐身无人作战飞机，它采用了全隐身设计，隐身性能好，具备较强的突防能力，如图 1.3.15 所示。

图 1.3.15 “中国利剑”隐身无人机

“中国利剑”隐身无人机采用无尾飞翼加机背进气道设计，这是无人隐身作战飞机的标志性设计，飞翼式布局能够较好地兼顾隐身、航程、载荷等多方面性能。除了“中国利剑”以外，世界传统航空强国都在发展自己的无人作战飞机，美国的 X－47B、法国主导的“神经元”、英国的“雷神”都已经完成了首飞并进行了测试。

“中国利剑”隐身无人机的首飞，使得中国成为世界第四个试飞大型隐身无人攻击机的国家，意味着中国已经实现了从无人机向无人作战飞机的跨越，其重大意义不亚于“歼－20”等新型第四代战机的试飞。

由中航工业设计制造的“中国利剑”隐身无人机在 2012 年 12 月 13 日总装下线，2013 年 5 月，媒体曝光了“中国利剑”隐身无人机开始地面滑行测试的消息，其首飞成功标志着我国在无人机隐身技术上取得了一定的进展，未来空对地打击手段将趋于多样化。

从外形上看，“中国利剑”隐身无人机就像是一个巨大的飞翼，翼身融合且无明显过渡，与达索公司的“神经元”、美军的 X－47B 较为相似，后者采用了全飞翼、背部进气布局，该气动有利于飞行器提升隐形性能，目前全球主流隐身无人机项目几乎都使用了类似的布局以达到隐形目的，这反映出自 F－117 曝光以后，全外形雷达隐身技术已经逐渐开始成熟并应用于无人机平台上。

无人机被视为未来战争的标杆武器，而“利剑”这样的高度智能化的隐形无人攻击机，已经向有人驾驶飞机的“天空霸主”宝座发出了咄咄逼人的威胁。

我国无人机产业起步于 20 世纪 60 年代，受历史、技术水平、需求和认识等方面因素的影响，我国无人机研发工作在很长的时期里没有得到国外任何参数及技术的支持，几乎完全依靠自己的试验积累。但也正是得益于这样的务实研究，我国无人机产业积累了坚实的技术基础和经验，为后续发展奠定了牢固的基础。然而在之后的几十年当中，由于历史原因，无人机技术研发多次被迫中止，特别是在研发力量上，无人机的设计、制造等环节基本上长期由几所大学承担，研发资金也很匮乏，导致我国无人机呈现局部技术有进步、整体发展很有限的特点。

近年来，随着我国经济的快速发展和科技水平特别是电子信息技术的全面提高，我国无论在无人机技术上还是在资金积累方面都有了十分可观的改善，尤其是我国航空工业的骨干企业介入后，大大增强了研发力量，加速推进了我国无人机产业的全面发展和水平提高，使我国无人机产业取得了真正实质性的进步。

目前，我国已经具备了自主设计研发低、中、高端无人机的能力，基本形成了配套齐全的研发、制造、销售和服务体系，在无人机机种上已经形成了种类齐全、功能多样、较为完备的系列，而且性能指标也在不断得到改善提升，部分技术已达到国际先进水平，走上了全面发展的道路。但就整体技术水平而言，我国无人机技术在国际上还属于第二梯队，尤其与美国、以色列等无人机发展先进国家相比，仅相当于其上世纪90年代的水平，尚处在追赶世界一流水平的发展过程中。

无人机已成为西方军事强国新的军力增长点，而中国在这一领域取得的进步同样显著。近年来，中国已对外展示了几十种无人机，这足以证明，在无人机领域中国正在赶超西方。

第2章 无人机的分类

2.1 概 述

无人机发展的速度很快，而且种类繁多。世界各国纷纷发展自己的无人机产业，型号各异，各有自己的特点，而目前对无人机的分类有很多种，这里我们将给出 3 种分类方式，即按用途分类(这是目前常用的分类方法)、按技术分类以及按尺度大小分类。

2.2 按用途分类

无人机按用途来划分，可分为军用、民用、消费级 3 大类，这 3 大类无人机由于使用领域不同，它们在性能要求上各有偏重。

2.2.1 军用无人机

近几年，无人机发展出现热潮，美国、俄罗斯、以色列、英国和南非等 30 个国家开始争相发展并研究无人机，其机型已达到 200 种以上，很多都应用在军事上。军用无人机对于灵敏度、飞行高度和速度、智能化等有着更高的要求，是技术水平最高的无人机，包括侦察、诱饵、电子对抗、通信中继、靶机和无人战斗机等机型。

(1) 靶机：模拟飞机、导弹和其他各种飞行器的飞行状态，主要用于鉴定各种航(防)空兵器的性能和训练战斗机飞行员、防空兵器操作员。图 2.2.1 所示为美军 F－16 退役后变身的无人靶机。

图 2.2.1 无人靶机

(2) 侦察无人机：进行战略、战役和战术侦察，监视战场，为部队的作战行动提供情报。图 2.2.2 所示是有名的美国“全球鹰”无人侦察机。

图 2.2.2　“全球鹰”无人侦察机

(3) 诱饵无人机：诱使敌方雷达等电子侦察设备开机，获取有关信息；模拟显示假目标，引诱敌防空兵器射击，吸引敌火力，掩护己方机群突防。图 2.2.3 所示是“珀耳狄克斯”诱饵无人机。

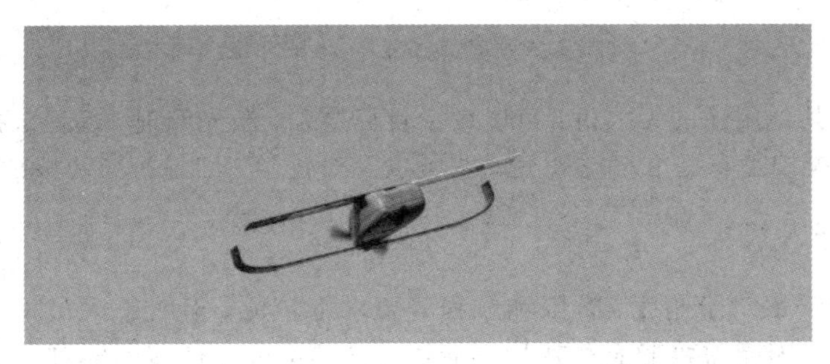

图 2.2.3　“珀耳狄克斯”诱饵无人机

(4) 电子对抗无人机：对敌方飞机、指挥通信系统、地面雷达和各种电子设备实施侦察与干扰。

(5) 攻击无人机：攻击、拦截地面和空中目标。攻击无人机携带有小型和大威力的精确制导武器、激光武器或反辐射导弹，对敌雷达、通信指挥设备、坦克等重要目标实施攻击以及拦截处于助推段的战术导弹。图 2.2.4 所示是美军的“掠食者”攻击无人机。

图 2.2.4　“掠食者”攻击无人机

(6) 战斗无人机：美军认为，战斗无人机是下一代战斗机的发展方向。正在大力研制的战斗无人机计划在2020—2025年投入作战使用，战斗无人机的速度将达到12～15马赫(4083.6～5104.5 m/s)，既可用于对地攻击，又可用于空战，还可用于反战术导弹。图2.2.5所示是美军的“黑杰克”无人战斗机。

图2.2.5　“黑杰克”无人战斗机

(7) 军事上其他用途的无人机：可以用于目标鉴别、激光照射、远程数据传递的空中中继站、反潜、炮火校正和远方高空大气的测量以及对化学、细菌污染和核辐射的侦察等。

2.2.2　民用无人机

民用无人机一般对于速度、升限和航程等要求都较低，但对于人员操作培训、综合成本有较高的要求，因此需要形成成熟的产业链，提供尽可能低廉的零部件和支持服务，目前来看民用无人机最大的市场在于政府公共服务的提供，大致用途分为以下几类。

(1) 航拍摄影。随着民用无人机的快速发展，广告、影视、婚礼视频记录等正越来越多地出现无人机的身影。纪录片《飞越山西》超过2/3的镜头由航拍完成，许多镜头由无人机拍摄。2014年年底，在第二届英国伦敦华语电影节上，《飞越山西》获得最佳航拍纪录片特别奖和最佳航拍摄影奖两项大奖。该片拍摄时规划并执行无人机拍摄点近300个，许多近景由无人机拍摄完成，产生了意想不到的绝佳效果。图2.2.6所示是大疆公司“精灵3”航拍无人机。

图2.2.6　大疆“精灵3”航拍无人机

（2）电力巡检。2015年4月9日，济南供电公司输电运检室联合山东电科院对四基跨黄河大跨越高塔开展了无人机巡视工作。无人机巡视具有不受高度限制、巡视灵活、拍照方便和角度全面的优点，特别适合于大跨越高塔的巡视，弥补了人工巡视的不足。

（3）新闻报道。美国有线电视新闻网络(CNN)已经获得由美国联邦航空管理局(FAA)颁发的牌照，将测试配备摄像头、用于新闻报道的无人机。早在2013年芦山地震抗震救灾中，央视新闻就采用深圳一电科技有限公司自主研发的某款无人机拍摄了灾区的航拍视频。救灾人员无法抵达的地方，无人机轻松穿越，在监测山体、河流等次生灾害的同时，还能利用红外成像仪在空中搜寻受困人员。

（4）保护野生动物。位于荷兰的非营利组织影子视野基金会等机构正在使用改装过的无人飞行器，为保护濒危物种提供关键数据，该飞行器已在非洲投入广泛使用。经过改良的无人机还能够被应用于反偷猎巡逻。英国自然保护慈善基金——皇家鸟类保护协会也将越来越多的无人机应用于鸟类和自然栖息地的保护工作。

（5）环境监测：2015年，环保部组织10个督查组在京津冀及周边地区开展大气污染防治专项执法督查，安排无人机对重点地区进行飞行检查。无人机已经越来越频繁地被用于大气污染执法。从2013年11月起，环保部门开始使用无人机航拍，对钢铁、焦化、电力等重点企业排污、脱硫设施运行等情况进行直接检查。2014年以来，多个省份使用无人机进行大气污染防治的执法检查，以实现更到位的监管。

（6）快递送货。2015年2月6日，阿里巴巴在北京、上海、广州三地展开为期3天的无人机送货服务测试，使用无人机将盒装姜茶快递给客户。这些无人机不会直接飞到客户门前，而是飞到物流站点，“最后一公里”的送货仍然由快递员负责。在国外，亚马逊在美国和英国都有无人机测试中心。2014年，亚马逊表示其目标是利用无人飞行器将包裹送到数百万顾客手中，顾客下单后最多等半小时包裹即可送到。图2.2.7所示是亚马逊公司预计在未来实现的快递业务的无人机。

图2.2.7　快递无人机

（7）提供网络服务。在2014年Google就收购了无人机公司Titan Aerospace，目前研制成功并开始测试无人机Solara 50和60，通过吸收太阳能补充动能，在近地轨道持续航行5年而不用降落，Titan表示通过特殊设备，使其高空无人机最高可提供每秒高达1 GB的网络接入服务。Facebook也收购了无人机产商Ascenta，成立了Connectivity Lab，开发包括卫星、无人机在内的各自互联网连接技术。

2.2.3 消费级无人机

消费级无人机一般采用成本较低的多旋翼平台，用于航拍、游戏等休闲活动。近几年，消费级无人机产业发展迅速，越来越多的个人爱好者开始购买无人机进行航拍、游戏等。所以，消费级无人机还有很大的发展空间。

2.3 按技术分类

无人机从技术角度按平台可分为6大类，分别是无人直升机、无人固定翼机、无人多旋翼飞行器、无人飞艇、无人伞翼机、扑翼式微型无人机。

（1）无人直升机。一般这类无人机是靠一个或者两个主旋翼提供升力，如果只有一个主旋翼的话，还必须要有一个小的尾翼抵消主旋翼产生的自旋力。其优点是可以垂直起降，续航时间比较中庸，载荷也比较中庸，但结构相对来说比较复杂，操控难度也比较大。图2.3.1所示是可以进行巡检任务的无人直升机。

图2.3.1 无人直升机

（2）无人固定翼机。固定翼，顾名思义就是机翼固定不变，靠流过机翼的风提供升力。跟我们平时乘坐的飞机一样，固定翼无人机起飞的时候需要助跑，降落的时候必须要滑行，但这类无人机续航时间长、飞行效率高、载荷大。图2.3.2所示是一架小型无人固定翼机。

图2.3.2 无人固定翼机

(3) 无人多旋翼飞行器。这种飞行器是由多组动力系统组成的飞行平台，一般常见的有 4 旋翼、6 旋翼、8 旋翼甚至更多旋翼组成。多旋翼机械结构非常简单，动力系统只需要电机直接连桨就行。其优点是机械简单、能垂直起降，缺点是续航时间最短、载荷小。这是目前很多消费类无人机采用的结构类型，比较流行的是 4 旋翼无人机与 6 旋翼无人机。图 2.3.3 所示是一款工业级 6 旋翼无人机。

图 2.3.3　6 旋翼无人机

(4) 无人飞艇。飞艇是一种轻于空气的航空器，它与热气球最大的区别在于具有推进和控制飞行状态的装置。这类飞行器是一种理想的空中平台，无论是用来空中监视、巡逻、中继通信，还是空中广告飞行、任务搭载试验、电力架线等，其应用范围是广泛的。图 2.3.4 所示是一架执行测绘任务的无人飞艇。

图 2.3.4　无人飞艇

(5) 无人伞翼机。它是一种用柔性伞翼代替刚性机翼的飞机，伞翼大部分为三角形，也有长方形的。伞翼可收叠存放，张开后利用迎面气流产生升力而升空，起飞和着陆滑跑距离短，只需百米左右的跑道，常用于运输、通信、侦察、勘探和科学考察等。图 2.3.5 所示是一架无人伞翼机。

图 2.3.5　无人伞翼机

(6) 扑翼式微型无人机。这类飞行器是受到鸟类或者昆虫的启发而来的，具有可变形的小型翼翅。它可以利用不稳定气流的空气动力学以及肌肉一样的驱动器代替电动机。在战场上，微型无人机特别是昆虫式无人机，不易引起敌人的注意。即使在和平时期，微型无人机也是探测核生化污染、搜寻灾难幸存者、监视犯罪团伙的得力工具。图 2.3.6 所示是一款“蜂超”微型扑翼式无人机。

图 2.3.6　“蜂超”微型扑翼式无人机

2.4　按尺度大小分类

根据任务的不同，通常所使用的无人机尺度也有所区别，无人机按尺度大小分成 4 种，即微小型、小型、中型、大型无人机。

2.4.1　微小型无人机

微小型无人机的尺寸大概在 30～50 cm 范围内，与较大型的昆虫体型相仿。其主要有两种类型，一种类型采用扑翼形式像昆虫或鸟类一样飞行，另一种类型采用接近常规飞机的布局形式，通常是微小尺度的旋翼机。

不论是扑翼形式的无人机还是旋翼形式的无人机，其在垂直起降的要求下，均能够降落在狭小表面而不需要消耗能源盘旋飞行就可以进行持续监视。而扑翼无人机还有另外一个优势，就是隐蔽性，因为这种无人机的外观看起来就像一只昆虫或一只鸟，能够在不被发现的情况下非常接近其监视目标进行飞行，或是停落在监视目标附近某处俯视而不暴露，它实际上也是一个传感器平台。

目前，无人机产业发展迅速，产品层出不穷，以下列举几款比较成熟的微小型无人机，其简图如图 2.4.1 所示。

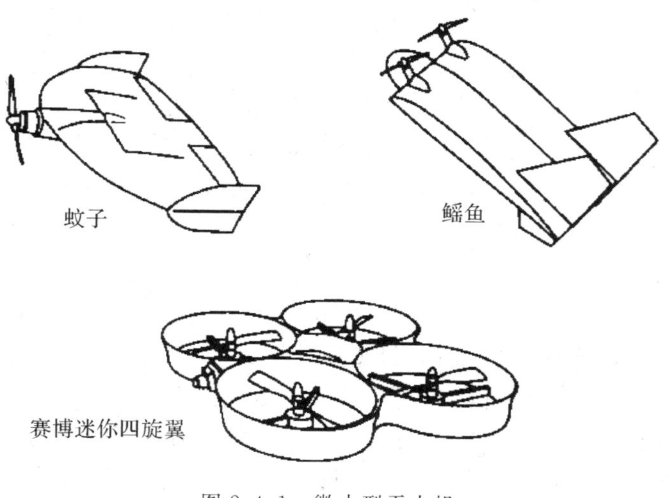

图 2.4.1　微小型无人机

(1) 以色列 IAI(以色列飞机工业公司)玛拉特分部生产的“蚊子”(Mosquito)无人机。它是一个椭圆形的飞翼带有前拉式单螺旋桨，其机翼/机身长 35 cm，翼展 35 cm。它使用电池盒电动机作为能源动力系统，续航时间 40 min，并标称任务作用半径大约为 1.2 km。起飞方式为手掷或橡筋弹射，并且可布置一个降落伞用于回收。

(2) 美国极光飞行科学公司生产的“鳐鱼”(Skate)无人机。它是一个矩形飞翼带有双发动机/螺旋桨的组合件，动力推进组件可倾斜以提供推力矢量控制，其机身/机翼组合体翼展约 60 cm，长度为 33 cm。它可以沿中心线对折成一半大小以便于运输和储存。它具有两台安装于前缘的电动机，能够上下倾转实现垂直起降，并能转换到高效率的水平飞行。它能够携带 227 g 有效载荷，总起飞重量大约为 1.1 kg。

(3) 澳大利亚网络信息技术公司(Australia Cyber Technology)生产的“塞博迷你 4 旋翼”无人机。它有 4 个涵道风扇，每个风扇的直径略小于 20 cm，安装后包括风扇护罩在内的总外廓尺寸大约为 42 cm×42 cm，若包括有效载荷及电池，总高度则为 20 cm，有效载荷及电池位于正方形结构中心处的机身内。它还搭载了低亮度固态摄像机或热成像摄像机以及可实现全自主航路点导航的控制系统，可以类似飞行玩具一般用平板电脑或者智能手机的便携数字设备来控制飞行。

2.4.2 小型无人机

小型无人机一般至少有一个维度大于 50 cm，再大一些甚至达到一两米的尺度。此类无人机大部分具有固定翼模型飞机的构型，由操作手以手掷方式抛向空中起飞，类似于放飞玩具滑翔机一般。

这类无人机以固定翼飞行器最为常见，旋翼无人机基本均是中型无人机的缩小版，下面主要介绍两类有代表性的小型固定翼无人机，其结构简图如图 2.4.2 所示。

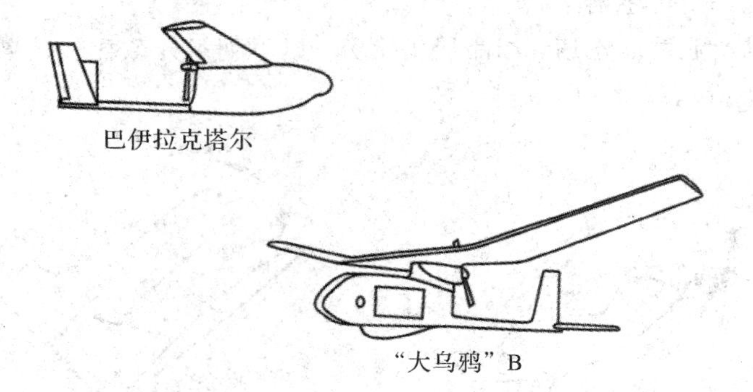

图 2.4.2 小型固定翼无人机

(1) 美国航空环境公司生产的“大乌鸦”是一个“模型飞机”尺寸级别的无人机实例，它的翼展大约为 1.4 m，机长约 1 m，起飞重量不到 2 kg，由操作手掷入空中起飞。它采用电机推进系统，可以持续飞行将近一个半小时。它还可以搭载用于侦察的可见光、近红外以及热成像系统，同时还可以搭载“激光照明器”为地面人员指示目标。最新型号“大乌鸦”无人机为 RQ-11B，已于 2005 年被美国陆军列入小型无人机选型计划中，RQ-11B 型无人机在传感器、地面控制系统上都有所改进，续航时间及与战场通信网络的互操作性也进一步提升。

(2) 土耳其巴伊卡尔-玛吉娜(Baykar Makina)公司研发生产的“巴伊拉克塔尔-迷你”无人机是一种比“大乌鸦”稍大一些的常规布局电动飞行器，其机长 1.2 m，翼展 2 m，起飞重量为 5 kg。它与“大乌鸦”一样采用投掷式起飞，通过机腹擦地着陆或者采用内置的降落伞回收。机上搭载了云台稳定的日间或夜视相机，通过 GPS 或其他无线电导航系统实现航路点导航。它有一个非常可取又不常见的特征，就是拥有扩频技术加密的数据链路，其作用距离为 20 km，当然这一距离还与当地的地理形态及地面天线的架设位置相关。此款无人机通常部署在陆军基层小规模单位，而土耳其自 2006 年以来装备大量采用。

2.4.3 中型无人机

中型无人机一般是指那些单人随身携带过大而又小于一般轻型飞机的无人机。

中型无人机较著名的机型有“先锋”(Pioneer)、“天眼”(Skyeye)等，此外，以色列和美国合作研发的“猎人”(Hunter)和英国的“守望者”(Watchkeeper)均是比较近期的中型无人机的代表，其简图如图 2.4.3 所示。

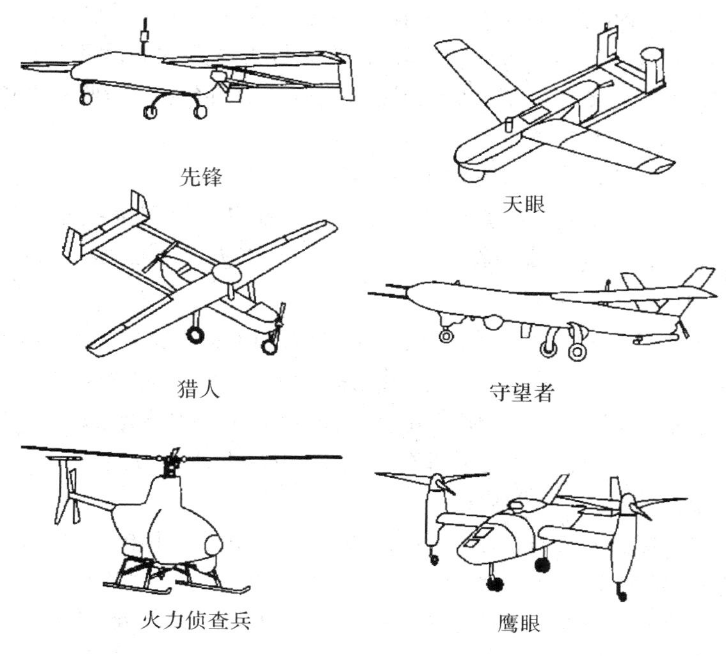

图 2.4.3　中型无人机

(1)“先锋”无人机起初由以色列人设计，美国 AAI 公司制作，美国海军在 1985 年采购列装，为地面指挥官提供高质量的日间和夜间图像，多年来一直是美国战术无人机队伍中的骨干。

RQ－2“先锋”无人机采用常规布局，翼展为 5.2 m，总重量 205 kg，巡航速度为 200 km/h，搭载有效载荷为 45.4 kg，最大飞行高度为 4600 m，续航时间为 5.5 h。该无人机的地面控制站可以设在由一辆 HMMWV 或卡车承载的方舱内。其飞行器平台由玻璃纤维制造，装备一台 26hp 的发动机，并可上舰使用，其动力系统有活塞式发动机和转子发动机两种选择。该款无人机可采用气压弹射器弹射或火箭助推起飞，也可在事先备好的跑道上以常规轮式滑跑方式起飞。回收时可以通过带拦阻装置的常规轮式滑跑着陆或撞网捕获来实现，舰上回收也采用撞网捕获系统。

(2) 英国 BAE 系统公司研制的“天眼”无人机由轻质复合材料制造，由于其模块化的结构设计，地面装配和拆解运输非常方便。“天眼”无人机翼展为 7.32 m，机长 4.1 m，装备一台 52hp 转子发动机，具有高可靠性和低振动特性。其最大起飞重量可达 570 kg，续航时间为 8～10 h，飞行高度可达 4600 m，最大有效载荷重量约为 80 kg。“天眼”无人机最突出的特征就是可以采用多种方式进行收回。“天眼”无人机除了可进行滑跑着陆，还装备了一套翼伞或降落伞作为备选的回收系统。

“天眼”无人机在 20 世纪 80 年代装备部队，其尺寸明显比“先锋”大，因此其综合性能更强。如今，“天眼”无人机仍在埃及和摩洛哥服役使用。

(3) RQ－5A“猎人”无人机采用轻质复合材料制造，其翼展为 10.2 m，机长 6.9 m。动力系统是两台双缸、4 冲程、风冷摩托-古兹发动机，该发动机采用了燃油喷射技术和独立计算机控制。两台发动机沿着机身中线安装，一推一拉，使飞行器具有双发的可靠性，而且在仅有一台发动机工作时也不存在不对称控制问题。其最大起飞重量约为 885 kg，续航时间大约为 12 h，巡航速度为 120 km/h。“猎人”无人机不需要回收网和弹射器，在合适的情况下可在公路或跑道上起飞和降落，紧急情况时也可使用降落伞回收。该机型还安装了一幅前拉式螺旋桨，并可使用火箭助推起飞方式起飞。

(4) 法国泰雷兹公司与以色列埃尔比特系统公司合资研发并在英国生产的“守望者”是一种执行情报监视、目标获取和侦察任务的全天候无人机。其尺寸大小与“猎人”无人机相似，其重量为 450 kg，有效载荷为 150 kg。“守望者”无人机于 2014 年在英国陆军开始服役，近两年在民航中也有所发展。

(5) 诺斯罗普-格鲁曼公司研制的 MQ－8B“火力侦察兵”无人机是一种常规布局垂直起降的范例。其机长 9.2 m，机高 2.9 m，旋翼直径为 8.4 m，看起来就像一架典型的轻型无人机，其有效载荷为 270 kg。“火力侦察兵”无人机为美军在阿富汗战争中发挥了不少作用，而诺斯罗普-格鲁曼公司近期又为美国海军研制了 MQ－8C“火力侦察兵”无人机，预计在近期将进行测试及投入使用。

(6) 贝尔“鹰眼”倾转无人机也是中型无人机的一个代表，其机长 5.2 m，重约 1300 kg，能够以高达大约 345 km/h 的速度飞行，飞行高度可达 6000 m。“鹰眼”无人机在 20 世纪 90 年代研制，采用倾转旋翼技术，表明它的螺旋桨位于机翼前缘，能够在起飞和降落时朝向上方，而在水平飞行时又转向前方。这种倾转旋翼飞机可以在巡航飞行时利用机翼产生的升力，机翼产生升力比旋翼产生升力效率更高，同时仍旧具备像直升机一样的垂直起降操作能力。

2.4.4　大型无人机

本书中将把尺寸大于典型的轻型载人飞机的无人机定义为大型无人机，其特点为能够远离基地长距离飞行，并在一定区域盘旋待机，发挥长时间监视作用；或是它们的尺寸足够大，能够携带大量武器。其简图如图 2.4.4 所示。

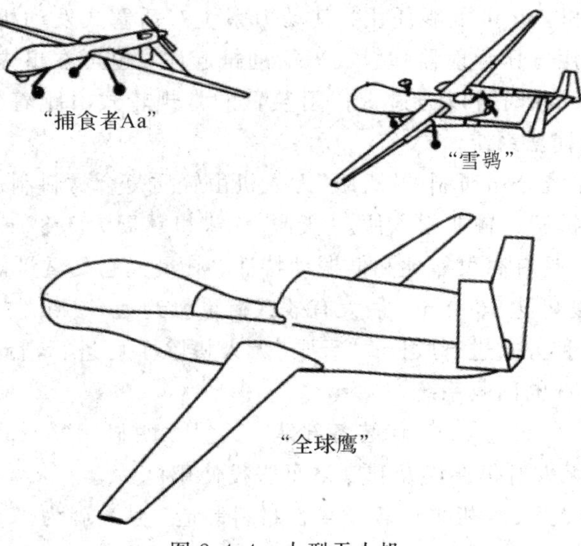

图 2.4.4　大型无人机

（1）美国通用公司研制及制造的 MQ－1“捕食者 A”无人机比轻型单引擎私人飞机要大，能够使用高分辨率摄像机、红外成像设备以及合成孔径雷达提供空中实时监视能力。它的翼展为 17 m，机长 8 m，飞行高度为 7620 m，续航时间为 40 h，也可通过卫星操控，采用全球定位系统及惯导系统进行导航。该款无人机飞行速度为 220 km/h，可在距离操纵基地 925 km 的任务区驻留飞行 24 h。另外，该机还可携带 200 kg 的内部载荷及 136 kg 的外部载荷。该款无人机自从 1996 年出现在美军部队，一直不断改进使用至今。

（2）法国欧洲宇航防务集团(EADS)下属的子公司凯希典安防系统公司(Cassidian)生产的“雪鸮”无人机，其大小及作战任务与“捕食者”基本相同，但其气动布局采用了双尾撑的尾翼构型，可以搭载多种可能的有效载荷，不过其续航时间仅有 24 h。

（3）诺斯罗普-格鲁曼公司生产的 RQ－4“全球鹰”无人机，机长 14.5 m，翼展为 40 m，最大起飞重量为 1460 kg。巡航速度为 575 km/h，续航时间为 32 h。该机还拥有携带一系列种类齐全的潜在有效载荷的能力，而且是通过卫星数据链来进行控制。该款无人机在阿富汗、伊拉克战争中都发挥了重要作用，在后期的研制中，又陆续推出了 RQ－4A 型及 RQ－4B型“全球鹰”无人机。因其在战场上的出色表现，目前，德国、澳大利亚、加拿大、韩国、日本等均有意向向美国购买该款无人机。

由于很多大型无人机涉及军用和情报获取，所以向公众发布的信息十分有限，其有用的官方信息更是很难找到，读者可根据需求在互联网上收集相关信息。

第3章 无人机系统

3.1 无人机系统概述

无人机系统是无人机及与其配套的通信站、起飞(发射)回收装置以及无人机的运输、储存和检测装置等的统称，无人机系统简图如图3.1.1所示。

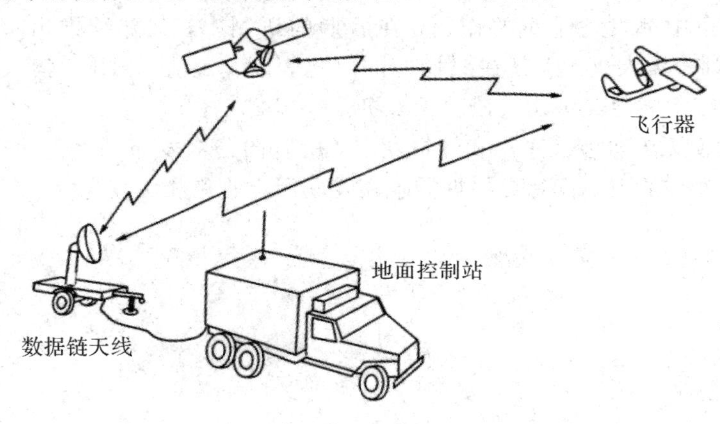

图3.1.1 无人机系统简图

一般来说，一个典型的无人机系统包括飞行器、一个或多个地面控制站(GCS)或任务规划和控制站(MPCS)、有效载荷和通信系统等。另外，一些无人机系统还包括发射/回收子系统、飞行器运载器以及其他地面操作和维护设备。本章将对无人机系统的每部分作简要介绍。

3.2 飞 行 器

飞行器是无人机系统的核心部分，本节将从空气动力学基础知识开始，讲解飞行器的性能、稳定性及控制等内容，对其动力推进、结构及承载也作简单介绍。

3.2.1 空气动力学基础

作用在飞行器上的力主要有推力、升力、阻力和重力，如图3.2.1所示。升力由机翼提供，推力由引擎提供，重力由地心引力产生，阻力由空气产生，飞机若保持平稳匀速地飞行，就需要遵守牛顿定律，那么它们的合力就要为零。

如果把力分解为三个方向的平衡，则为X、Y、Z三个轴力的平衡及绕X、Y、Z三个轴弯矩的平衡。

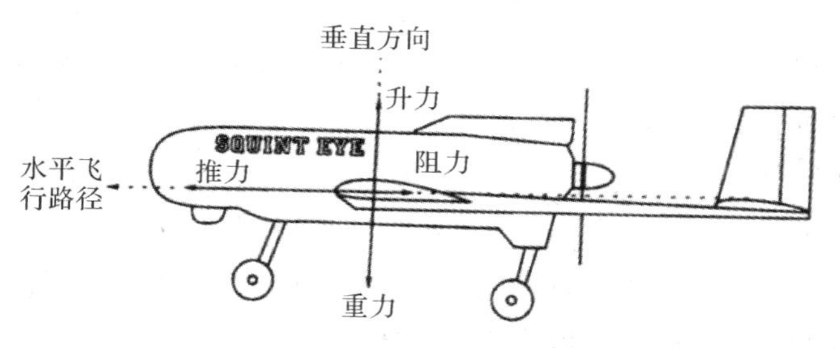

图 3.2.1 作用在飞行器上的力

力的不平衡会影响飞行器的速度，而弯矩的不平衡则会影响飞行器的滚转、偏航和俯仰，如图 3.2.2 所示。

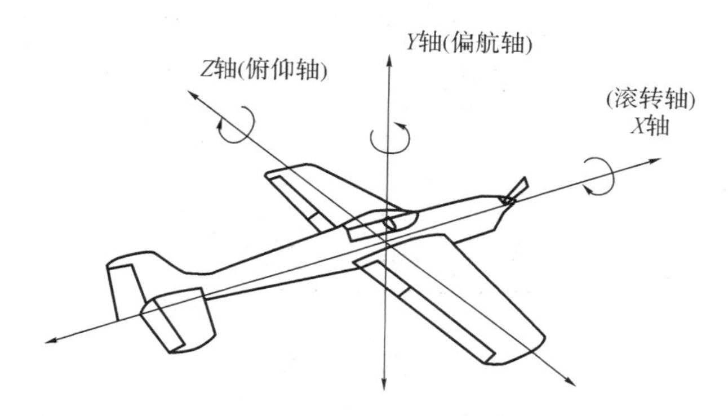

图 3.2.2 弯矩对飞行器的影响

1. 机翼

机翼是一架飞机中最重要的部分，飞机能在空中飞行完全是靠机翼的浮力，而机翼的剖面通常称为翼型。为了适应各种不同的飞机，各家公司发明了各种翼型，如图 3.2.3 所示，各类翼型简单分为以下几类：

(1) 全对称翼：上下弧线均凸且对称。

(2) 半对称翼：上下弧线均凸但不对称。

(3) 克拉克 Y 翼：下弧线为一直线，其实应叫平凸翼，有很多其他平凸翼型，只是克拉克 Y 翼最有名，故把这类翼型都叫克拉克 Y 翼，但要注意克拉克 Y 翼也有好几种。

(4) S 型翼：中弧线是一个平躺的 S 型，这类翼型因攻角改变时，压力中心不易变动，常用于无尾翼机。

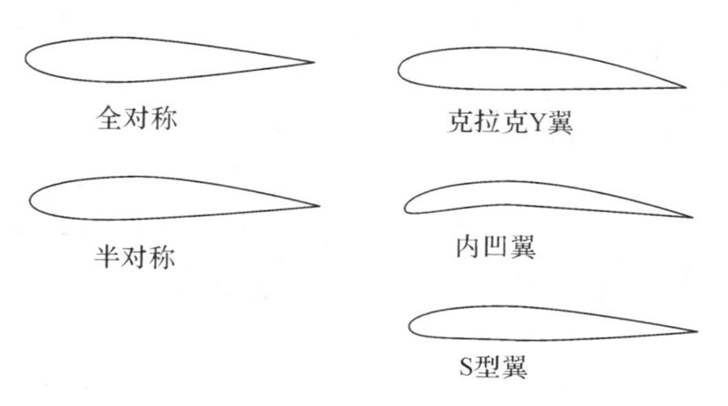

图 3.2.3 各类翼型

（5）内凹翼：下弧线向内凹入，升力系数大，常见于早期飞机及牵引滑翔机，所有的鸟类除蜂鸟外都是这种翼型。

（6）其他特种翼型。

2. 阻力

无论是哪种翼型，在无人机飞行期间，都会产生阻力，而阻力越大，飞机就会越慢，所以必须尽可能地克服阻力。阻力一般有以下几种：

摩擦阻力：空气分子与飞机摩擦产生的阻力，这是最容易理解的阻力但不很重要，只占总阻力的一小部分，当然为减少摩擦阻力还是尽量使飞机表面光滑。

形状阻力：物体前后压力差引起的阻力，平常汽车广告所说的风阻系数就是指形状阻力系数，如图 3.2.4 所示。飞机的流线型越好，形状阻力就越小，尖锥状的物体形状阻力不见得最小，反而是有一点钝头的物体阻力小，例如油轮船头水底下那部分就是一个大头，多数高级滑翔机也有一个大头，除了提供载人的空间外也是为了减少形状阻力。

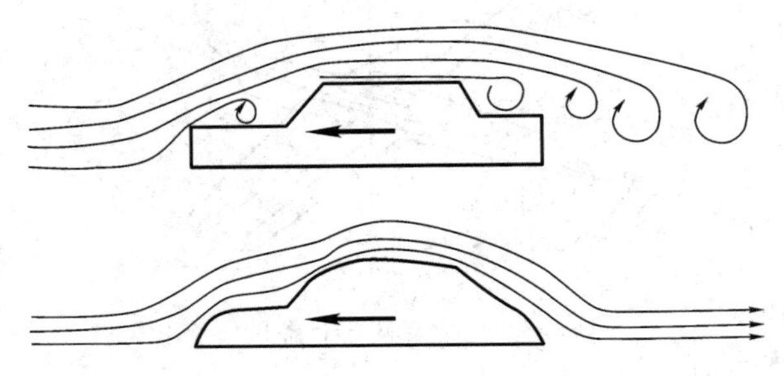

图 3.2.4 形状阻力示意图

诱导阻力：机翼的翼端部因上下压力差，空气会从压力大的方向往压力小的方向移动，但部分空气不会规规矩矩往后移动，而是从旁边往上翻，因而在两端产生涡流，如图 3.2.5 所示，从而产生阻力，这种现象在飞行表演时，飞机翼端如有喷烟则可看得非常清楚。你可以注意涡流旋转的方向如图 3.2.6 和图 3.2.7 所示，其中，图 3.2.7 是 NASA（美国太空总署）拍摄的照片，可看见壮观的涡流，因为这种涡流延伸至水平尾翼时，气流是从上往下吹的，因此会减小水平尾翼的攻角，也就是说，水平尾翼的攻角实际会比较小，图 3.2.7 中只不过是一架小飞机，如果类似波音 747 这种大家伙起飞降落后，小飞机要隔一阵子才能起降，否则飞入这种涡流中，后果不堪设想，这种阻力是因为涡流产生，所以也称涡流阻力。

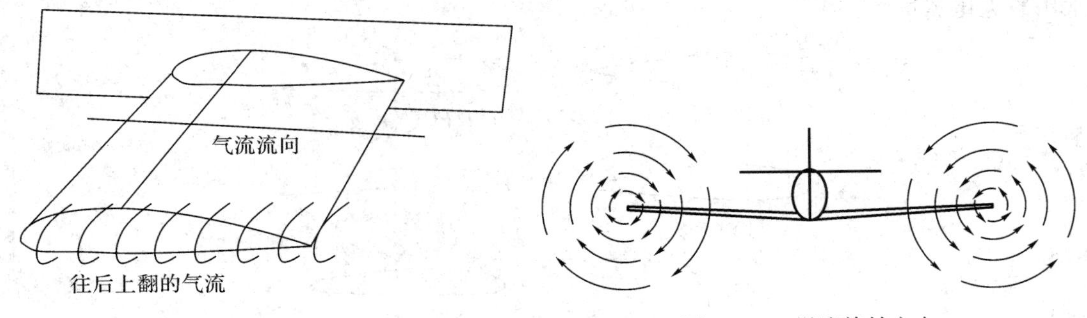

图 3.2.5 涡流产生示意图

图 3.2.6 涡流旋转方向

图 3.2.7　NASA 拍摄图片

寄生阻力：所有控制面的缝隙（如主翼后缘与副翼间）、主翼及尾翼与机身接合处、机身开孔处、机轮及轮架、拉杆等除本身的原有的阻力以外衍生出来的阻力，如图 3.2.8 所示。

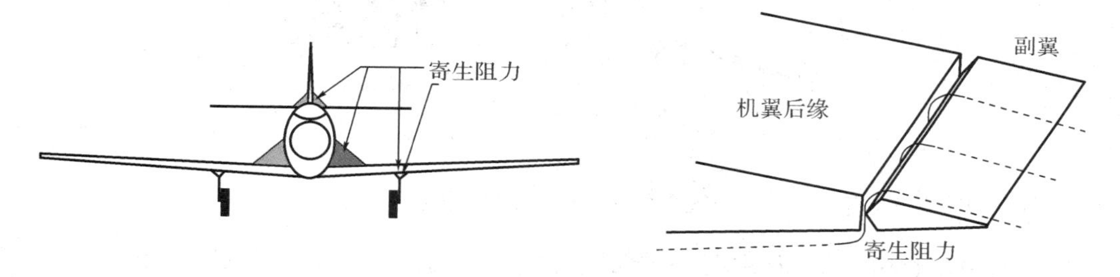

图 3.2.8　寄生阻力示意图

一架飞机的总阻力就是以上 4 种阻力的总和，但飞机的阻力是互相影响的，以上的分类只是让讨论方便而已，此外诱导阻力不只出现在翼端，其他舵面也会产生，只是翼端比较严重。摩擦阻力、形状力、寄生阻力与速度的平方成正比，速度越快阻力越大，诱导阻力则与速度的平方成反比，如图 3.2.9 所示。所以要减少阻力的话，无动力飞机重点在减少诱导阻力，高速飞机重点在减少形状阻力与寄生阻力。

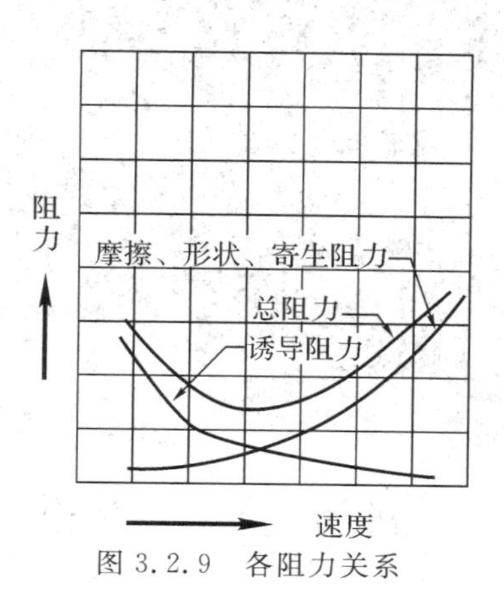

图 3.2.9　各阻力关系

以上只是简单分析了空气动力学对无人机的影响，如需详细了解空气动力学，可查阅相关资料。

3. 机翼布局

由以上分析我们可知，机翼的选择对无人机有很大的影响。下面简单介绍常见的几种垂直起降的飞机机翼布局。

(1) 单主旋翼(SMR)。主旋翼转矩会使机体向与主旋翼旋转方向相反的方向转动，通常用一个较小的、产生侧向推力的尾旋翼进行平衡，这个尾旋翼将使主旋翼的功率需求增加10%。该机翼布局的缺点是飞机在所有面上都是极不对称的，增加了控制的耦合性和飞行控制系统算法的复杂性。在碰及地面时，尾旋翼极易损坏，尤其是较小尺寸的无人机。这种无人机一般由载人机改造而来。图3.2.10所示为一架单主旋翼无人机。

图3.2.10　单主旋翼无人机

(2) 共轴双旋翼。该布局主要来自俄罗斯的Mil.制造商，其应用范围有限。这种飞机高度比其他类型飞机都要高，在维护和库存方面存在一些缺点。但是该布局的优点是具有近乎完美的空气动力对称性、紧凑、动力效率高，而且可以根据不同功能设计不同的机体。经过美、英等国的多家公司试验，最终发现共轴双旋翼比单旋翼所需功率要小，主要是因为在前向飞行中，旋翼之间的轴会产生额外阻力，可以由去除单旋翼布局中的尾旋翼获得的收益进行补偿。图3.2.11所示为一架共轴双旋翼无人机。

图3.2.11　共轴双旋翼无人机

（3）4旋翼。近年来，4旋翼飞行器甚至是6旋翼飞行器均受到高校及一些研究机构的关注，市面上各种4旋翼无人机更是层出不穷。它是一种简单的微小型的垂直起降无人机，具体设计思想是将所有旋桨的倾斜角固定，通过改变每个旋翼的旋转速度来改变推力的大小，每个旋翼由安装在其上的电机单独驱动。目前，中国深圳大疆创新科技有限公司生产的4旋翼无人机已受到广大无人机爱好者的好评，并且由消费级产品向工业、农业等方向发展。图3.2.12所示为一架4旋翼无人机。

图3.2.12　4旋翼无人机

3.2.2　性能

无人机最重要的两个性能就是航程与航时。

航程是指飞机在自身燃料消耗完之前所能航行的最远路程，航时与之相对应，是指飞机在燃料耗尽之前维持在空中飞行的最长时间。

在无人机领域，航程与航时均是其软肋，因为这两个性能除了与飞机的设计参数、任务载荷重量等相关外，最大的影响是其燃料的消耗。

对于螺旋桨推进式的无人机，其航程与航时由单位耗油率来决定，而喷气式无人机的航程与航时由单位推力耗油率来决定。对于目前市面上较多的多旋翼飞行器来说，其航程与航时主要由其电池的电量来决定。

目前，消费级无人机大部分由锂电池供电，最多飞行0.5 h左右。为了提高无人机的性能，近期，武汉众宇动力系统科技有限公司推出了燃料电池，可使无人机航时延长至3 h左右。

无人机航程与航时方面的性能提高，还有很大的发挥空间。

3.2.3　稳定性和控制

稳定性是指在小扰动下，物体保持当前静止或运动状态的趋势。一架无人机要维持飞行就必须是稳定的。

无人机稳定性又分为静稳定性与动稳定性，静稳定性是指当飞机遭受阵风或其他外力干扰后，作用在飞机上的推力、重力和空气动力等各种力的作用方向趋向于使机体回复其初始平衡位置。假如飞机不是静稳定的，那么即使极微小的扰动都会导致飞机持续不断地偏离其初始飞行状态。虽然一架静稳定的飞机会在其受到扰动后有恢复其初始位置的“趋势”，但是这种恢复可能会过量，向相反方向运动，回来时再次过量，从而最终导致振动破坏。如果这种振荡被衰减并且最终消失，那么飞机就是动稳定的。

如果要保持动稳定性，回复力必须能够吸收系统中的能量。动稳定性一般是由和机翼、尾翼、机身等各种表面的运动速率成正比的力决定的，其比例系数称为稳定性导数。

前面介绍过一个力矩有三个角度及绕三个角度的弯矩，那么一架飞机就有三个转动自由度，即俯仰、滚转和偏航，并且在正常飞行时，要求每个轴都必须保持平衡。俯仰轴是最关键的，绕俯仰轴的稳定性被称为纵向稳定性。绕滚转轴和偏航轴一定程度的不稳定性是可以容许的，在大多数分析中，这两个方向的稳定性是结合在一起的，被称为横向稳定性。

一架无人机绕俯仰、滚转和偏航轴的控制分别是由升降舵、副翼和方向舵来实现的。通常会根据不同的无人机类型来考虑其稳定性。

1. 水平起降无人机

水平起降无人机的基本飞行参数包括飞行方向、飞行速度、高度、爬升率。

飞行方向或称为飞行航向，是通过方向舵和副翼的偏转进行组合控制的，水平速度通过发动机推力的调整和升降舵的偏转来控制，给定高度下的爬升率通过升降舵偏转和发动机推力变化的组合来设置。如图 3.2.13 所示是一架典型的水平起降飞机的气动控制舵面的结构布局图。

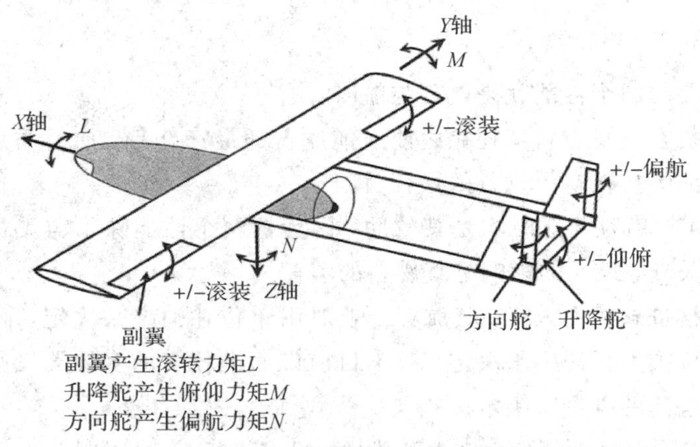

图 3.2.13　水平起降飞机的气动控制舵面结构布局图

其他水平起降无人机的结构布局只是采用了特定的布局，比如“飞翼式”无人机结构布局，利用“升降副翼”同向偏转实现俯仰控制，差动偏转实现滚转控制。

实际上，飞机在空中会受到各种气流等外界因素的影响，如果无人机要保持稳定的飞行，就需要一套自身的稳定系统对无人机进行控制。图 3.2.14 所示是一种典型水平起降飞机自动飞行控制系统的基本组成框图。该控制系统的工作过程是在飞行之前，将任务规划复制到飞行控制计算机的存储器中。最基本的规划可以由一系列的航程点和航程点之前的飞行速度组成，无人机在飞回基地之前需要飞越这些航程点。对于复杂一些的规划，还包括航程点的飞行模式以及任务载荷的使用等。如果操控员通过无线电通信控制飞机，不论是直接通信控制还是通过中继间接进行控制，那么规划的任务有可能会被覆盖，比如对目标执行更加详细的人工控制下的监视。另外，在飞行过程中还可以对任务规划进行更新。

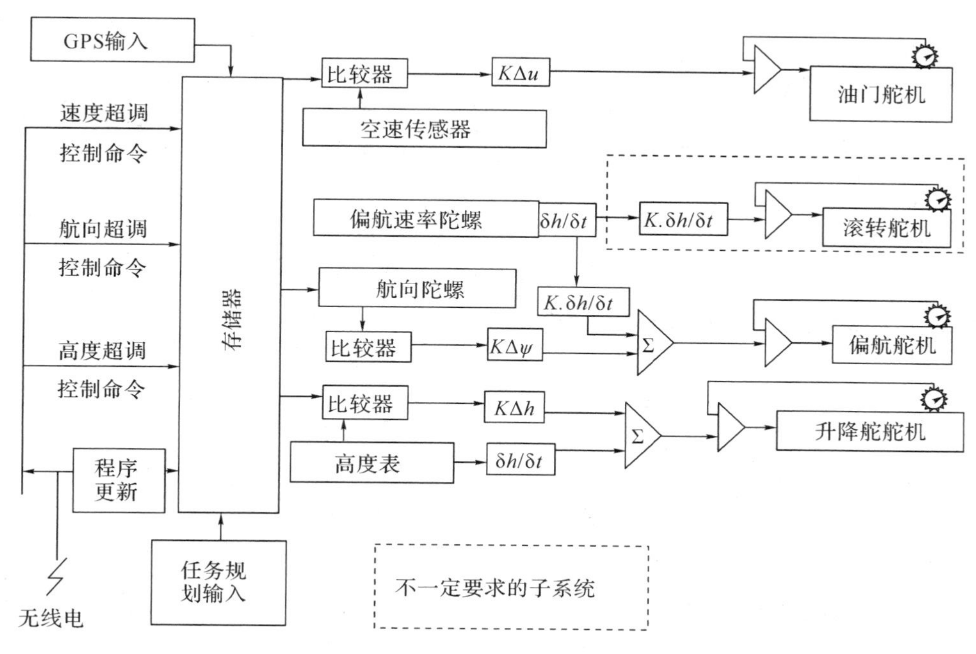

图 3.2.14 水平起降飞机基本自动飞行控制系统

无人机的起飞与着陆虽然可以由任务规划的初始部分和终端部分进行控制，但是现今大多数无人机均采用人工控制起飞和着陆，因为在实际飞行时，如有侧风等因素的影响，要想实现无人机自动起飞与降落还是比较困难的。

图 3.2.14 中所示的无人机是采用“消除误差”的方法来保持状态的，利用该方法飞行控制系统接收和执行控制器发出的指令，使飞机在指定的速度、方向和高度等状态下均保持稳定。在每个控制模式中要加入阻尼，比如偏航回路中的 $\delta\psi/\delta t$，保证在干扰气流影响下，系统能够快速地恢复原来的状态，没有过多的振荡。

为了实现飞行稳定，飞机结构布局设计要使对阵风的响应最小。比如垂尾气动面在尺寸上要小，仅仅补偿机身前半部分航向的不稳定，为飞机提供航向的中性稳定。更小尺寸的垂尾面表现为完美的旋转支点，保持较大的偏航控制。同样，水平尾翼面也可以采取同样的措施，提供俯仰中性稳定，但俯仰控制量不大。

机翼上反角不敏感，可抑制由侧风引起的滚转效应。在许多方面，这将引起飞机向全翼或三角翼发展。但是，正如前面所描述的，飞机是不稳定的，根据自身的状态，飞机可能过量地俯仰或滚转，并持续地处于这种状态。在这些不稳定模式中，给飞行控制系统中引入空间数据，通常是在飞行控制系统俯仰和滚转控制通道中引入垂直姿态陀螺，从而实时监测飞机的侧倾角度(滚转)和俯仰角，如图 3.2.15 所示。图中，u 为空速，h 为高度，θ 为俯仰角，ϕ 为滚转角，ψ 为偏航角，K 为放大倍数，$\delta h/\delta t$ 为高度变化率，$\delta\theta/\delta t$ 为俯仰角速率，$\delta\phi/\delta t$ 为滚转角速率，$\delta\psi/\delta t$ 为偏航角速率。

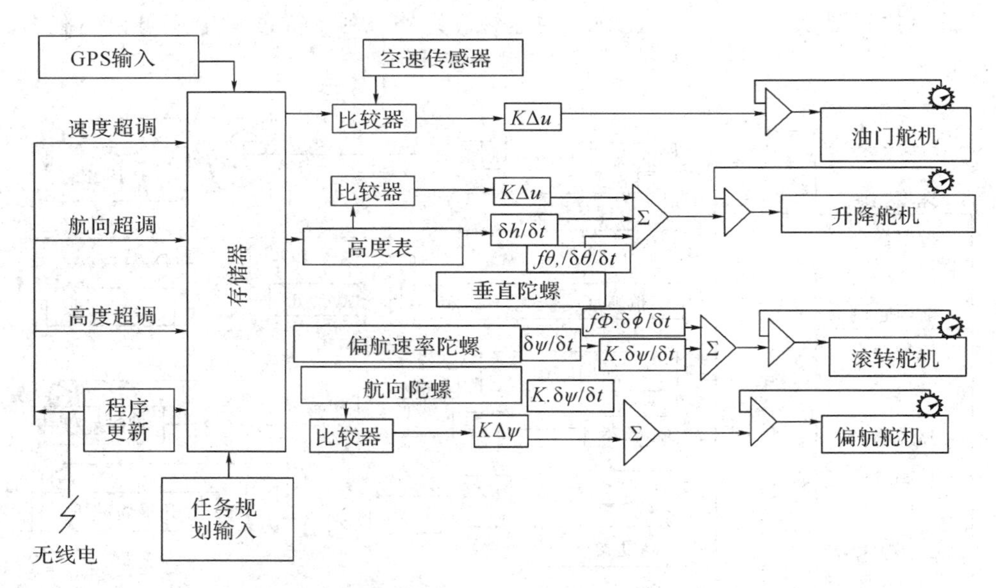

图 3.2.15 水平起降无人机空间稳定自动飞行控制系统

2. 单主旋翼直升机

单主旋翼(SMR)直升机的结构布局适合于中小型直升机，而纵列式旋翼结构布局更适合于大型直升机。因为中小型直升机的需求是远远大于大型直升机的，所以单主旋翼直升机的利用率会更高一些。单主旋翼(SMR)直升机的动力学控制配置如图 3.2.16 所示，自动飞行控制系统组成如图 3.2.17 所示。

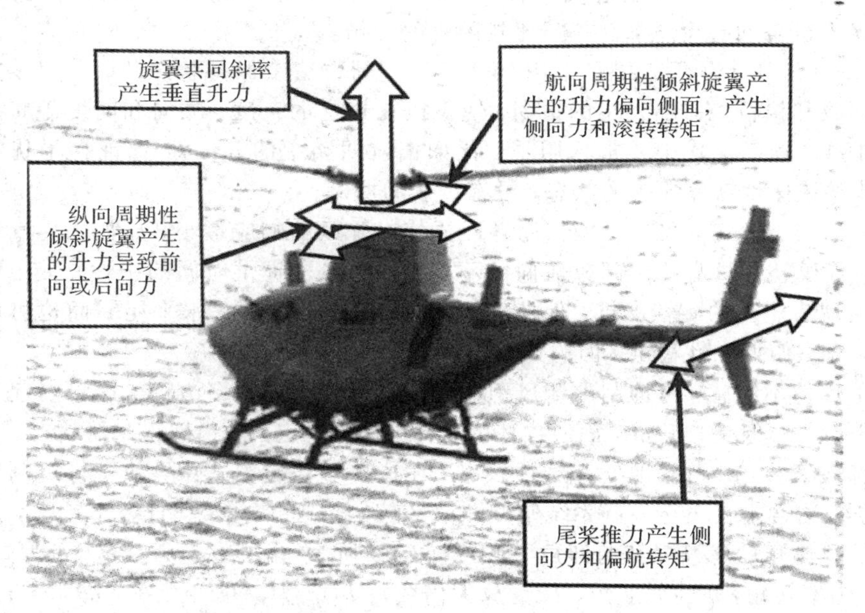

图 3.2.16 SMR 直升机动力学控制配置

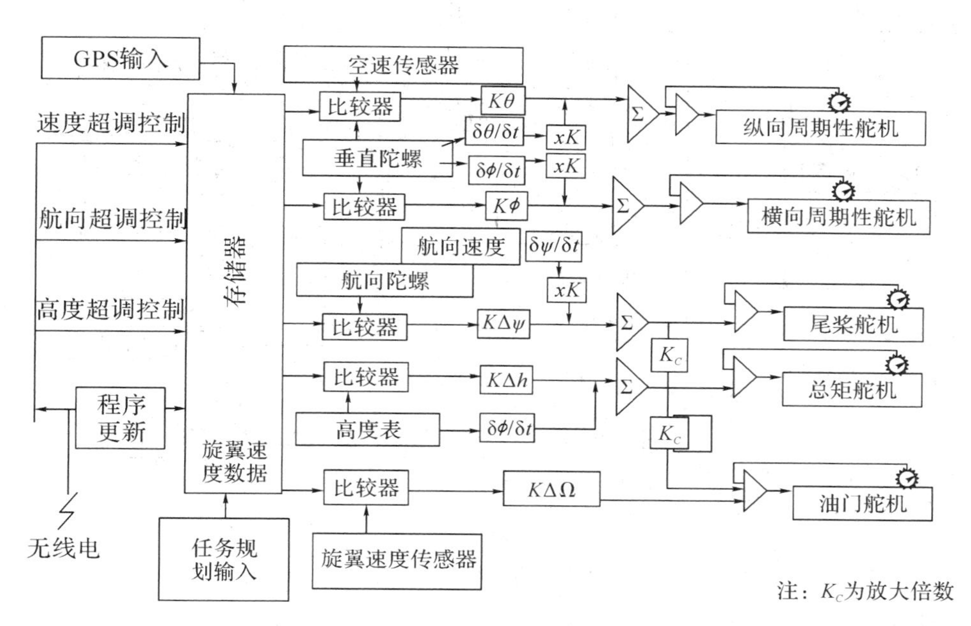

图 3.2.17　SMR 直升机自动飞行控制系统框图

SMR 直升机相对与其同等尺寸的水平起降无人机，在大多数飞行模式下，抗阵风的能力是比较强的；但是抗侧风的能力不强，这是因为尾旋翼的大垂尾效应，因为尾部旋翼的作用主要是提供反扭矩，在实际中如何克服这种效应还是比较困难的。

3. 共轴旋翼直升机

共轴旋翼直升机的旋翼系统具有对称性，在平面对称直升机中，该飞机就是完全对称的。因此，共轴旋翼直升机比水平起降飞机的飞行控制系统要简单。此外，该直升机抗阵风的能力比其他结构布局的飞机都强。共轴旋翼直升机动力学控制方法如图 3.2.18 所示，飞行控制系统的组成如图 3.2.19 所示。

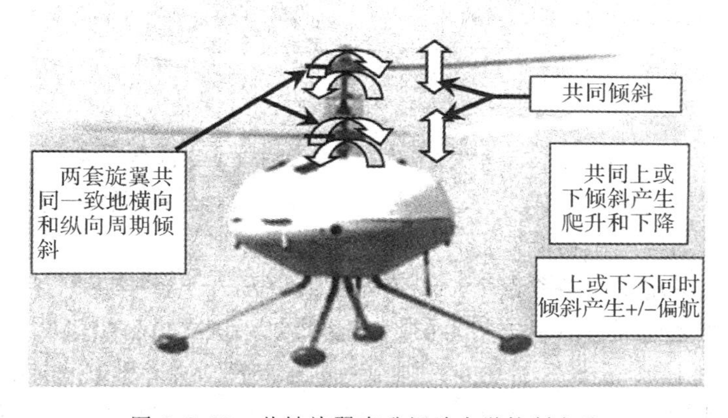

图 3.2.18　共轴旋翼直升机动力学控制方法

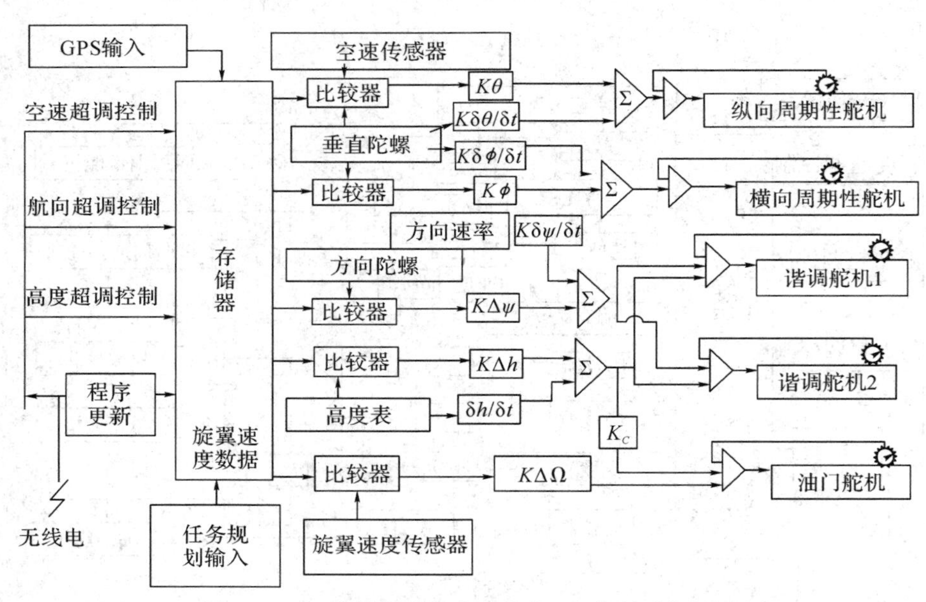

图 3.2.19　共轴旋翼直升机自动飞行控制系统框图

4. 可转换式旋翼飞机

可转换式旋翼飞机主要有两种类型：倾转旋翼和倾转机翼飞机，它们的控制手段是相似的。

对于每个倾转旋翼飞机的控制实现的方法是协调倾斜控制和纵向周期倾斜控制，如图 3.2.20 所示，这与直升机正好相反，正常情况下直升机在纵向和横向平面上进行周期性倾斜控制。

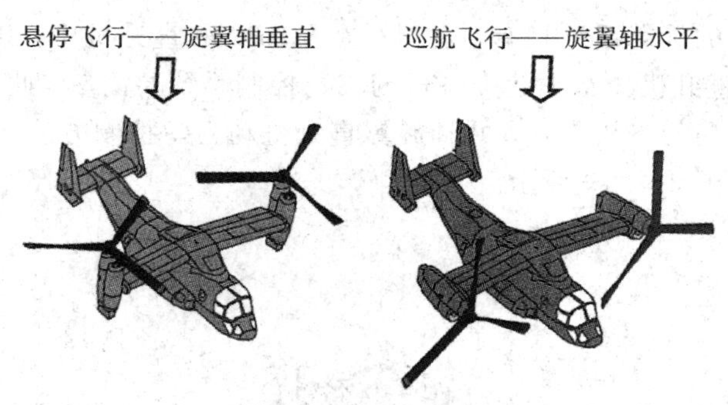

图 3.2.20　倾转旋翼飞机控制

另外，这两类飞机都有从垂直方向到水平方向偏转的大功率旋翼轴。

无人机的控制方式除了上述之外，当今无人机最普遍及流行的控制方式是以自动驾驶仪的形式应用的自动化电子控制系统。

电子控制系统采用了一种称做反馈或闭环的工作方式。无人机飞行路径、姿态、高度、空速等的实际状态经过测量后以电信号的形式反馈给系统，并与期望的状态相比较，二者之差，即称为误差信号，经放大后用于设置适当的控制面位置；反过来，舵面又会产生控制力使飞行器回归到期望的理想状态，使误差信号趋向于零值。闭环自动控制系统的简化框图如图 3.2.21 所示。

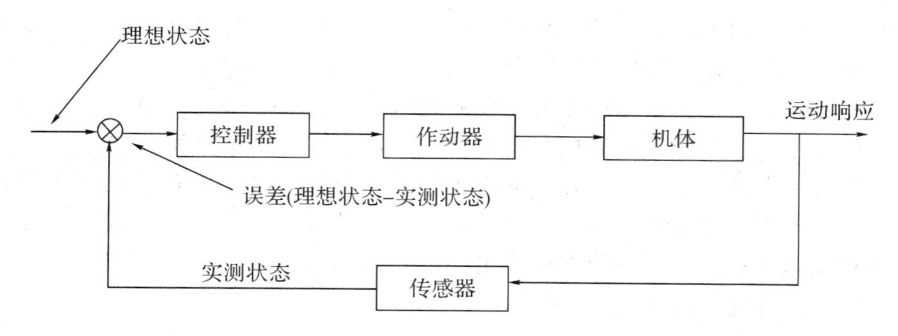

图 3.2.21　闭环自动控制系统

3.2.4　发动机

飞机能够飞行在空中，主要是由旋翼或风扇产生的升力作用的结果，升力或称为“动力升力”，也可以认为是向上的推力。而当今无人机的推进系统主要是由发动机构成的，常用的发动机类型有以下几种：4 冲程和 2 冲程往复式内燃机、转子发动机、燃气涡轮机以及电动机。

(1) 因为 4 冲程内燃机广泛应用于汽车，所以是最为人们熟知的。4 冲程内燃机主要由 4 个过程组成。在吸气冲程，当活塞从上止点向下运动时，一定容积的空气/燃料混合气被喷射或吸入到气缸空腔内，然后使压缩冲程活塞向上运动并压缩混合气，恰好当活塞达到上止点之前，火花塞点燃经压缩的混合气并产生额外附加压力，把活塞推回到下止点，这就是燃烧做功冲程。经过曲轴，直线运动被转换成扭矩。在排气冲程，活塞再次向上运动把燃烧残留物排出汽缸。进、排气气门在恰当的时间打开或关闭，确保油气混合气的吸入和燃烧残留物的排出。4 冲程发动机可以采用液冷或风冷方式，因为有气门以及控制和驱动气门的机械结构，4 冲程发动机具有相当大的机械复杂性，活塞的往复运动也会造成相当大的振动，不过，4 冲程发动机还是被认为是高效而可靠的。

(2) 2 冲程发动机的部分工作过程与 4 冲程发动机相同。当活塞向上止点运动时，油气混合气就被吸入曲轴箱，与此同时，在活塞的另一侧，前一个循环产生的燃烧残留物也正在被推出排气门。当活塞向上止点前进足够距离后，进气门和排气门都被关闭，活塞再向前运动就会压缩新鲜的油气混合气，之后就与 4 冲程发动机工作过程相同了。2 冲程发动机工作过程如图 3.2.22 所示。

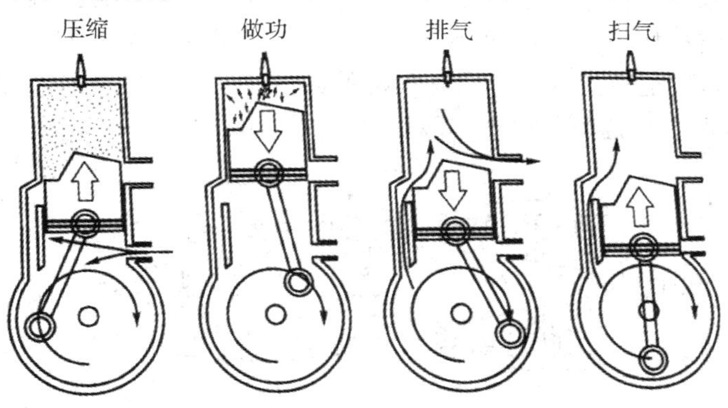

图 3.2.22　2 冲程发动机工作过程

(3) 转子发动机的工作原理简单来说是以一个三边形几何形状在具有双凸线形的定子内旋转为基础的。转子在这种外形的定子内旋转可使其三个顶点始终与定子保持接触。定子内腔曲线是外摆线，即一个圆形在另一个固定圆周的外侧滚动时，其半径上的一点走过的轨迹。转子的每一个侧面都会完成与4冲程发动机相同的4个冲程：进气、压缩、膨胀和排气。每个面的工作循环都在转子旋转一周内完成，因此可以把单转子发动机看做是3缸发动机。转子发动机没有往复式运动，因此振动也会非常小。转子的一端通常加装一个与转子中心同轴的内齿轮，该内齿轮绕一个更小的传动齿轮转动，小齿轮安装在发动机壳体的侧盖上。其工作过程如图3.2.23所示。

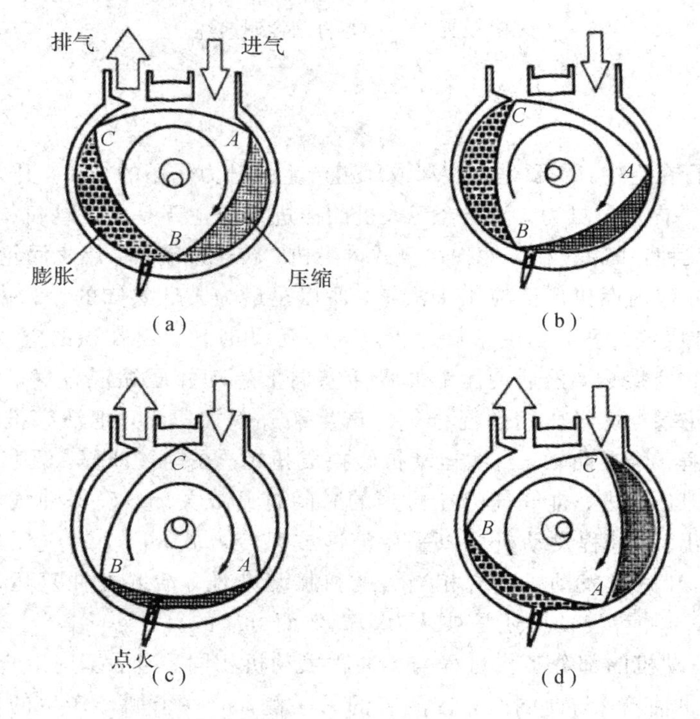

图3.2.23　转子发动机工作过程

(4) 燃气涡轮机是所有发动机中最可靠的，主要是因为其稳定的燃烧循环特性及纯旋转运动，而且燃气涡轮机产生的振动最小。燃气涡轮机能够产生直接推力或通过齿轮驱动旋翼或螺旋桨，其结构如图3.2.24所示，空气进入进气道并在发动机的压气机部分进行压缩。空气的压缩既可以通过把空气甩向压气机的四周来实现，也可以通过小叶片“抓取”大量空气并向后加速送给其他的叶片来实现。

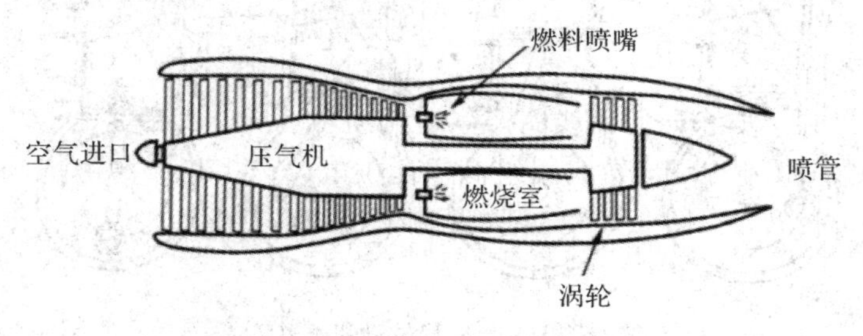

图3.2.24　燃气涡轮机结构图

(5) 电动机随着近几年微型无人机及小型无人机的发展备受人们关注。

电动飞机的动力主要是指两个元件，第一就是电机(Motor)，也称马达，第二是电调。

电调是控制电机转速的调速器(Speed Controller)，早期的调速器是使用舵机控制可调电阻拨片来实现的，称为机械调速器，现在已经退出历史舞台，仅能在一些复刻车架包装盒或者说明书上看到它们的照片。现在我们说的调速器，都是指电子调速器，简称电调，英文 Electronic Speed Controller，缩写 ESC。

电调如果按大类来分，可分为有刷动力和无刷动力，即有刷电调搭配有刷电机，无刷电调搭配无刷电机。

① 有刷电机。早期的电机，是将磁铁固定在电机外壳或者底座上成为定子，然后将线圈绕组成为转子，模型车用有刷电机常见都是 3 组绕线，图 3.2.25 就是典型的有刷电机构造。

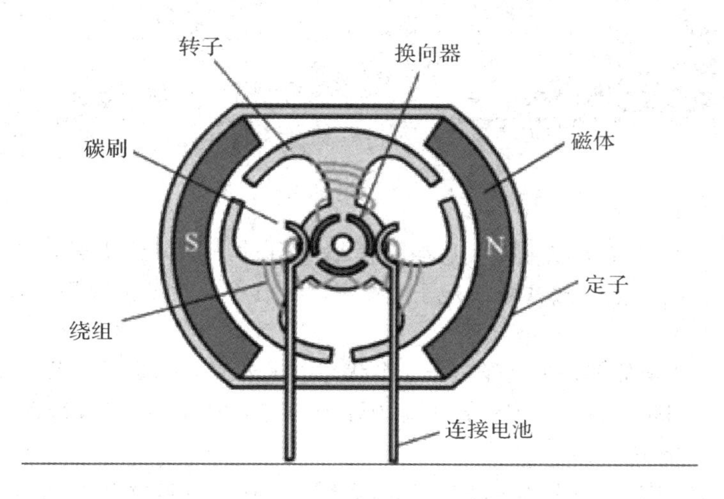

图 3.2.25　有刷电机构造

通过图 3.2.25 可见，有刷电机最基本的组成部分除了定子、转子，还有碳刷，因此有刷电机也叫碳刷电机，或者有碳刷电机。碳刷通过与绕组上的铜头接触，让电机得以转动。但是由于高速转动时，会带来碳刷的磨损，因此有刷电机需要在碳刷用完之后，更换碳刷。而铜头也会磨损，因此在有碳刷时代的竞赛电机，除了更换碳刷，还需要打磨铜头，让铜头保持光滑。更换碳刷后还需要磨合，让碳刷与铜头的接触面积最大化，以实现最大电流来提高电机的转速/扭矩。

② 无刷电机。既然有刷电机有以上的弊端，于是无刷电机便应运而生。无刷电机是把线圈绕在定子上，然后把磁铁做成转子的。无刷电机转动的是磁铁，而不是线圈，因此就没有了碳刷这个消耗品。

既然线圈固定了，那么如何让线圈产生变化的磁场呢？这就是为什么无刷电机需要 3 根线的原因了。利用无刷电调，给线圈组对应地供电以产生相应的磁场，就可以实现不停地驱动磁铁转子保持转动。图 3.2.26 就是无刷电机的最基本原理，即现在主流的 2 极电机的驱动原理。

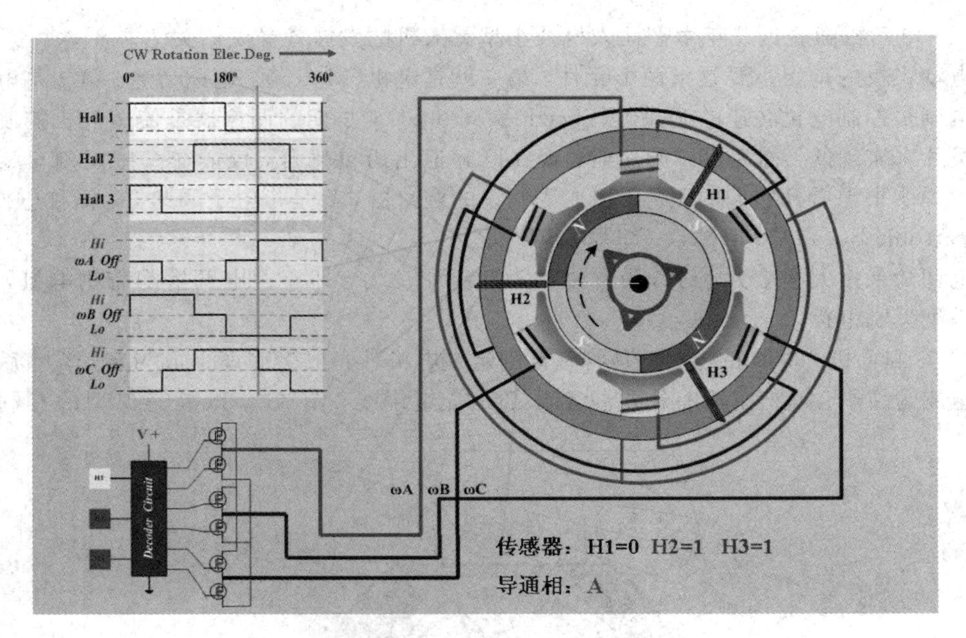

图 3.2.26　无刷电机基本原理图

无论是有刷电机还是无刷电机，基本原理都是通过线圈产生磁场，然后搭配永磁铁来驱动转子转动。有刷是把永磁铁做成定子，线圈做成转子；而无刷则是把线圈做成定子，永磁铁做成圆形的转子。

车模用的电机，全部都是内转子电机，也就是电机外壳是固定的，靠里面圆形转子转动。外转子的这里不予讨论，想要了解外转子与内转子的有关内容，可以自行查阅相关资料。

下面简单介绍电调。

有刷电调就是用来控制有刷电机转速的设备了。有刷电调往往只有 4 根线，两根是输入电源端，接到正负极，另外两根则是控制电机转速的输出端，接到电机的两个电极上。通过改变电流/电压以及传导方向就可以实现对转速以及正反向的控制。图 3.2.27 是好盈酷跑 60A 防水型有刷电调，此电调的详细参数可查阅相关公司的生产说明书。

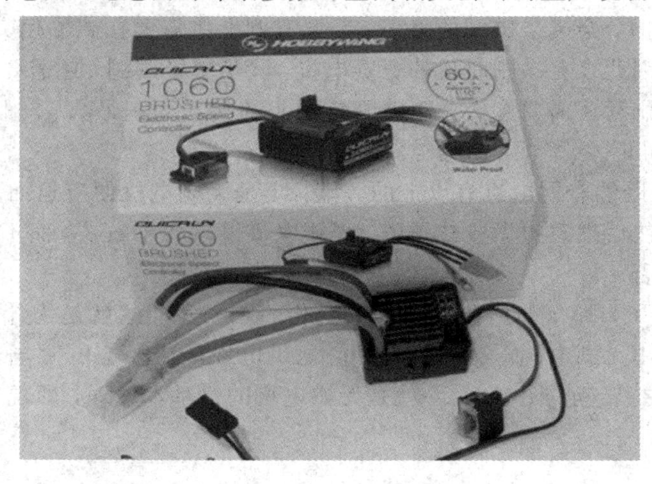

图 3.2.27　好盈酷跑 60A 防水型有刷电调

以前的一些无人机世界大赛中有刷电调是不带倒车的，因此只有3根线柱，接到电机正极的线和电池正极是同一根线柱。

无刷电调和有刷一样道理，无刷电机需要工作，就必然需要一个无刷电调。无刷电调输入端一样是两根线，分别接正负极电源。但是无刷电调输出则需要3根线，原理上就是靠3根线不停地改变磁场以驱动转子转动。图3.2.28是目前好盈顶级V3.1版120 A电调。

图3.2.28 好盈顶级V3.1版120 A电调

综上所述，无刷电机必须使用无刷电调，有刷电机则需要使用有刷电调。但是部分无刷电调可以通过改写内置程序，让输出的3根线桥搭成两根，用以驱动有刷电机。好盈科技之前就曾经推出过此类产品，不过早已停产，因为无刷已经成为主流。

目前，电动机主要是靠电池、太阳能电池或是燃料电池供能的。用于无人机的电池组通常是可充电的，常用的有镍镉电池、镍氢蓄电池、锂离子电池及锂聚合物电池，其中，镍镉电池是用氢氧化镍作为正极，镉/氢氧化镉为负极，电解液为氢氧化钾，镍镉电池在充电电池中非常常见，但其含有有毒金属，主要用于要求长寿命及高放电率的场合；镍氢蓄电池具有高能量密度的特点，并且使用的是无害金属；锂离子电池是近几年无人机中常用的供电方式，其能量密度高、重量轻，是一种快速发展的电池技术；锂聚合物电池与其他电池使用的电解质有所不同，主要是采用聚合物作为电解质，在外形方面具有极大的自由度是其主要特点；太阳能电池具有重量轻、对于无人机易于安放的特点，而且其成本低也是一大优势；燃料电池最理想的状态是使用氢气为燃料，生成的水可以储存起来，并且通过电解再变回氢气和氧气。如果一架无人机白天由太阳能电池供电的同时还能以足够高的效率电解水来为下一个夜晚储存足够的能量，那么无人机将可以实现24 h连续工作。

3.2.5 结构和材料

对于无人机来说，其机体结构设计和耐久性并不是大问题，但随着无人机技术的发展，人们越来越倾向于更轻质、更廉价的材料和更简单的制造技术，所以此时就需要考虑无人机的结构及材料。

无人机的结构确定则需要考虑使其结构弯曲、剪切和扭转的各种力，这些力一般由弹射、气动压力、惯性、机动动作以及推进系统产生，其大小可由受力分析图平衡各个分量而确定。如果无人机在转弯、拉起或是受阵风影响时导致力的不平衡，那么无人机结构还需承受相应的载荷，而这些我们在设计机体结构时都需要考虑。

无人机的制作材料目前的发展趋势是使用复合材料，主要是因为其具有强度重量比高、成本低、结构简单坚固、强度大、易于制造的特点。最突出的技术为三明治夹层技术，其两个外表面层通常是玻璃纤维、凯夫拉纤维及石墨纤维等，而夹层通常是聚苯乙烯、聚氨酯、聚氯乙烯、铝蜂窝或轻木，它们之间通常采用环氧树脂、聚酯树脂或乙烯基酯树脂来黏接。

3.3 任务规划和控制

任务规划和控制是无人机系统成功完成各种任务的关键要素，本节主要讨论无人机控制站及其操纵特性。

3.3.1 任务规划和控制站

任务规划和控制站(MPCS)有时也被称做地面控制站(GCS)，是整个无人机系统的“神经中枢”。它控制飞行器的发射、飞行和回收；接收和处理来自飞行系统内部传感器和外部有效载荷传感器的数据；控制有效载荷的运行；提供无人机系统与外部环境的接口。规划功能也可与控制功能在不同地点执行，因此无人机系统在执行任务期间实时更改规划的功能是必不可少的。

无人机地面控制站的模块框图如图 3.3.1 所示。

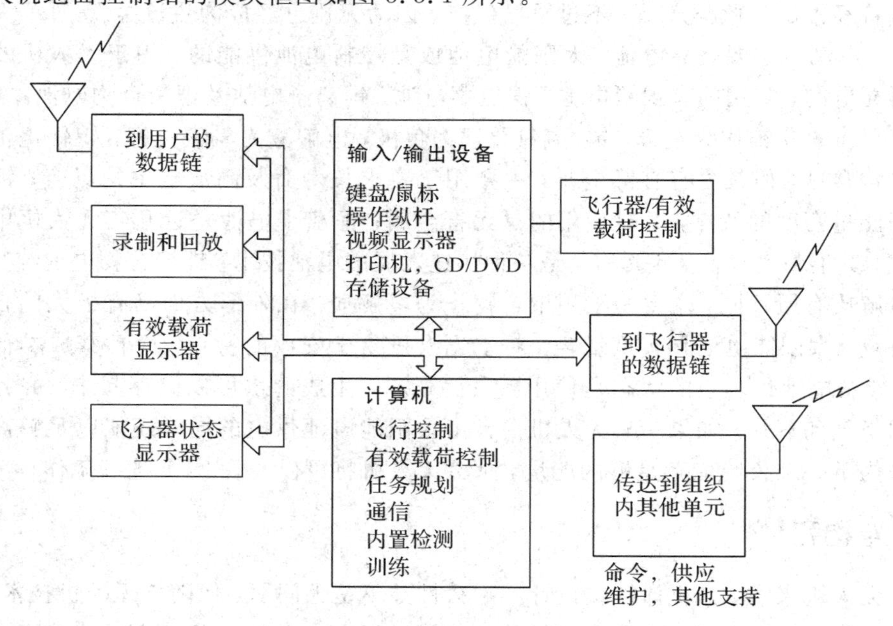

图 3.3.1 地面控制站框图

1. 地面控制站的配置

地面控制站若要实现其系统功能，则需要包含以下子系统：飞行器状态的读取和控制系统；有效载荷数据的显示和控制系统；用于任务规划和飞行器位置及飞行路径监控的地图显示系统；数据链路地面终端系统，用于发送命令给飞行器和有效载荷，接收来自飞行器的状态信息及有效载荷数据；一台或多台计算机，在最简化的情况下，提供操作员与飞行器之间的界面，并控制飞行器与任务规划和控制站之间的数据链和数据流，另外，计算机还可执行系统导航功能以及执行某些与自动驾驶仪和有效载荷控制功能相关的"外回路"计算；与其他组织的通信链路，用于指挥、控制以及分发无人机收集到的信息。图 3.3.2 为美国"捕食者"无人机地面站的部分配置。

图 3.3.2　美国"捕食者"无人机地面站配置

2. 地面控制站的功能

地面控制站的功能主要包括任务规划与操作两部分：任务规划又包含处理任务信息、分析任务区域地图、指明飞行路径(航路点、速度、高度)、向操作员提供任务规划信息等；操作包含加载任务规划数据、发射无人机、监视无人机位置、控制无人机、控制和监视任务载荷、建议修改飞行计划、向指挥官提供相关信息、在需要时保存传感器信息、回收无人机、传感器数据备份等。

3. 地面站的关键技术

地面站的关键技术包括友好的人机界面，能够更好地帮助操作员完成监视无人机、任务载荷及通信设备的工作，方便操作员规划任务航路并控制无人机、任务载荷及通信设备。

(1) 操作员的培训。为了更好地执行任务，还需具备完善的人机交互系统，而无人机操控员通常通过一些仿真模拟技术来进行培训。

(2) 一站多机的控制。未来无人机地面站将会朝着高性能、低成本、通用性方向发展，将会实现一个地面站控制多架甚至多种无人机。

(3) 对总线的要求。随着无人机技术的发展，地面站与无人机之间的数据传输量越来越大，除了地面站系统的无线通信、任务处理、图像处理能力要不断提高外，其总线网络也要朝着高带宽、低延迟方向发展。

(4) 可靠的数据链。安全、可跨地平线、抗干扰的宽带数据链也是无人机的一项关键技术。

最后，地面站还要满足无人机系统设计中的三项基本要求，即开放性、互操作性、通用性。开放性是指在地面站中增加新的功能模块时不需要对现有模块重新设计。互操作性是指地面站能控制几种不同无人机中的任何一架或其任务载荷，并能通过与多个不同的通信网络中的任何一个进行交互来实现与外部连接；通用性是指各地面站使用的硬件及软件模块基本相同。

无人机地面站技术未来将会在以下几方面有所发展。

▶ 通用地面站；

▶ 一站多机地面站；

▶ 无人作战飞机地面站；

▶ 可靠的、干扰小的、宽带的数据链路；

▶ 人工智能决策技术；

▶ 无人机操控的安全、告警及放错技术；

▶ 无人机通信中继。

3.3.2 飞行器驾驶

在现代无人机中，飞行器的自动驾驶仪可以在无需人工干预的情况下起飞、沿着期望的飞行规划飞行和着陆，这些通常取决于飞控的算法设计及其性能。

当前，并不是所有无人机都能实现自动驾驶，其驾驶方式主要有遥控驾驶、自主—辅助驾驶、完全自主驾驶。

遥控驾驶很适合于一些小型无人机，飞行范围在视线范围内，尤其是一些消费级无人机，比如实现航拍、监控等。当然也有些无人机通过自身携带的摄像系统，将图像实时传回到控制器，也可实现远距离的操控。在现今无人机中，通常会利用PAD或是智能手机操控和接收图像。

自主—辅助驾驶是指飞行器在操作员给出指令后，将指令转换成一系列的控制指令，并按指令飞行同时又能保持飞行器稳定的情况。自主驾驶仪辅助系统通常还应用于视距外工作的大型无人机上。这种驾驶模式可通过控制回路和自动驾驶仪处理飞机上所有的细节，而且控制回路具有足够的带宽来处置任何瞬时变化，自动驾驶仪则能提供绝大部分驾驶技能。

完全自主驾驶方式是现代无人机发展的重点方向，其主要是靠自驾仪实现飞行器内回路控制的自动化，自驾仪对机载传感器的输入作出响应，以保持飞行器的姿态、高度、空速和地面航迹，从而与来自飞行器操作员的命令或是存储在飞行器内存中的详细飞行规划命令保持一致。

3.4 有效载荷

3.4.1 概述

有效载荷(Payload)的定义在不同资料中有不同的概念。有些资料中将无人机上装载的所有装备和外挂物均定义为无人机有效载荷的范围，这也包括了无人机上的航电设备和燃油存储等。这种方法可以表示出无人机的最大载荷能力，但是并不能明确该无人机上真正有用的载荷能力，因此本书中的有效载荷是指无人机为执行专有任务而携带的仪器装备的能力。

无人机的有效载荷虽然不包含飞行航电、数据链和燃油等，但包含执行任务时所需携带的传感器、发射器和外挂物，所以有效载荷有时也称为任务载荷。

当然，无人机也可以牺牲其部分装备来换取更高的有效载荷能力，但是在无人机系统设计时，我们就应该根据其执行的任务考虑其真正的有效载荷能力。

这里把有效载荷分成两种基本类型，即非消耗型有效载荷和消耗型有效载荷。

3.4.2 非消耗型有效载荷

非消耗型有效载荷主要包括传感器、摄像机等，它们始终在无人机上。

光电有效载荷系统包括从简单的单色或彩色单幅相机、彩色视频成像系统、低照度电视成像系统、热成像系统到多光谱成像系统等。光电有效载荷系统是近年来研究及应用的热点，其快速的发展使得光电有效载荷系统朝着小型化、多样化的方向迅速前进，这里仅列出几种常见的光电有效载荷系统。

光学或可见光相机的功能是将经不同物体以不同频率反射到玻璃镜头上的光线聚焦到感受器上，形成可在监视器上播放的图像信号；或者调制到无线电载波上，用以发送到接收站。低照度成像设备与可见光相机功能相同，但是增加了光放大环节，利用光纤接收较大区域的光线，然后聚焦到成像设备的镜头上。不像光线是由物体反射而来，热成像设备的热主要是由物体自身产生，它不取决于对物体的照射，物体在黑暗中也辐射热，物体辐射热量的大小正比于物体的辐射能力及其温度。热辐射聚焦到探测器上并转化为可在单色监视器上播放的图像格式，人们可以通过肉眼观察识别图像，图 3.4.1 所示为一幅热成像照片。

图 3.4.1 热成像图片

成像雷达有效载荷与光电成像系统不同，它是主动成像系统，通过发射脉冲无线电波束，接收处理来自物体反射的回波信号。

成像雷达系统可以穿透云层进行成像，这一点在实际应用中非常具有优势，但是其发射的能量会容易被监测到，这在某些任务中也是一种不足。

用于无人机对地面目标进行监视的雷达系统统称为合成孔径雷达(SAR)，同一个天线用于发射信号和接收信号。该雷达可观测飞机运动方向的侧面，还可以向下扫描，典型的扫描范围是水平向下 60°到垂直方向，雷达波长的典型值是 5～15 cm。近几年，DAR 雷达的小型化取得了长足进步，其体积、重量都在不断减小，在无人机上的应用也越来越广泛。图 3.4.2 为一幅装载了 SAR 雷达的无人机。

图 3.4.2　装载 SAR 雷达的无人机

还有些其他非消耗型有效载荷，如激光目标指示、污染检测、公共宣传系统、无线电中继系统、电子情报、雷达欺骗、磁异常监测等。随着电子技术的发展，更多的有效载荷将会出现，并且会更轻、更小、功能更强，使得无人机可以完成更多的各种任务。

3.4.3　消耗型有效载荷

消耗型有效载荷是指如弹药、民用无人机中的农药、灭火剂等，当然，还包括近两年的热点——无人机快递员。

在民用方面，无人机可携带给庄稼喷洒的农药、杀菌剂、化肥、防霜冻等材料，还可携带水或者灭火材料，甚至照明弹、救生筏等。近两年，无人机快递员、投放信件或运输物品的无人机更是研究的热点。图 3.4.3 所示是京东试运营的送货无人机。

图 3.4.3　京东试运营的送货无人机

在军事方面，无人机携带的通常是武器，包括炸弹、火箭或是导弹等。固定翼飞机通常将载荷安装在机翼下面，而旋翼飞机通常是安装在侧面。此外，无人机还需携带瞄准装置，它通常与光电传感器集成在一起。图3.4.4所示是携带武器的无人机。

装有制导炸弹和“地狱火”导弹的通用原子公司MQ9无人机

罗斯鲁普·格鲁曼公司侧面装有火箭的R08“火力侦查兵”无人机

图3.4.4 携带武器的无人机

3.5 通信系统

通信系统是指无人机系统的地面控制站与无人机之间的通信，主要由“上行链路”和“下行链路”组成，所以有时也称为数据链。上行链路传输操控人员的命令和指令到无人机，下行链路传输无人机的状态数据到控制站或其他卫星接收站。传输的数据包括有效载荷状态和图像数据以及无人机的状态数据。

3.5.1 通信系统功能和特性

无人机的通信系统组成如图 3.5.1 所示。

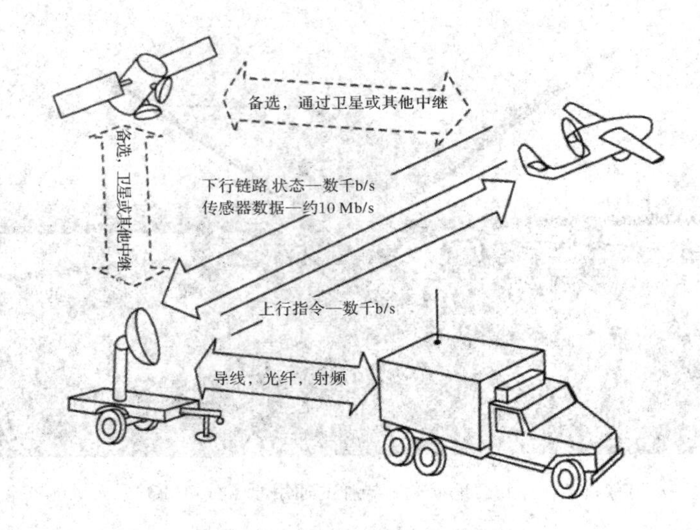

图 3.5.1 无人机通信系统构成图

上行链路也称为指挥链路，通常带宽为几千赫兹，地面站通过上行链路可对飞行器及其载荷进行有效控制。无论地面站何时需要发送指令，必须保证上行链路能够随时启用，但在飞行器执行一个新指令之前，链路也可以处于不工作状态。

下行链路可以提供两个信息通道：一条状态信息通道，有时也称为遥测通道，用于向地面控制站传递飞行器当前的空速、发动机转速以及载荷状态等信息，只需要较小带宽，类似于指令链路；另一条信息通道用于向地面站传递传感器数据，需要足够的带宽以传输大量的传感器数据，通常为 300 kHz～10 MHz。

通信系统也可用于测量地面天线与飞行器之间的距离和方位角，这些数据可用于飞行器的导航，提高机载传感器对目标位置测量的整体精度。

无人机通信系统在发展中有几个理想特性，分别如下：

(1) 全球可用的频率分配：无论是和平时期还是战争期间，在用户感兴趣的所有地方，数据链路都能在当地可用的测试和训练操作频点正常工作。

(2) 抗无意干扰：尽管会有来自其他射频系统的间歇性带内信号干扰，数据链路仍能正常工作。

(3) 低截获概率：当处在敌方测向系统的覆盖范围和有效距离之内时，数据链路难以被截获和测得方位。

(4) 安全性：由于信号加密，即使被截获，也无法破译。

(5) 抗欺骗：在敌方意图向飞行器发送指令或向地面数据终端发送欺骗信号时，数据链路能进行抵制。

(6) 抗反辐射武器：难以被反辐射武器锁定，即使被锁定，也能使对地面站的毁伤降到最低。

(7) 抗干扰：即使遇到外界对上行链路或下行链路的蓄意干扰，也能正常工作。

3.5.2 通信媒介

地面站与无人机之间的通信媒介主要有三种，即激光、光纤和无线电。

激光传输模式当前已经被放弃，主要原因是大气对激光的吸收作用，限制了传输距离，降低了通信可靠性。

光纤传输在一些特殊应用中具有可行性。它适合无人机飞行高度低、数据传输速率高、防探测和截获等安全性要求高的场合。光纤一般不是放在地面控制站上，而是以卷盘的形式安置在无人机上，由飞机下放到地面，而不是由飞机向上拽，否则会发生障碍物缠绕和拉断。这种传输方式适合垂直起降无人机，工作距离一般在几千米之内。

无线电传输是当今唯一实用的通信媒介，可完成无人机与操控者之间的数据传输，通信方式可以是直接传输，也可以通过卫星或其他方式中继传输。下面将从九个方面介绍无人机的无线电通信系统。

1. 无线电频率

无线电的频率范围通常在 3 Hz(极低频 ELF)～3 GHz(超高频 UHF)之间，因为这些频率在低空沿着地球曲率可以折射，将地球的有效半径提高了。频率在 3 GHz～300 GHz(超高频 SHF 到极高频 EHF)之间称为微波，尽管也能够搭载无线电或雷达信号，但是由于不能折射，只能工作于视距传输方式。具体频段划分如表 3.5.1 所示。

表 3.5.1 无线电谱

波段名称(频率)	缩写	国际电联定义波段	频率	波长	典型应用
极低频	1ELF	1	3～30 Hz	1000 000～10 000 km	潜艇通信
超低频	SLF	2	30～300 Hz	1000～1000 km	潜艇通信
特低频	ULF	3	300～3000 Hz	1000～100 km	坑道内通信
甚低频	VLF	4	3～30 kHz	100～10 km	心脏监护
低频	LF	5	30～300 kHz	10～1 km	调幅广播
中频	MF	6	300～3000 kHz	1 km～100 m	调频广播
高频	HF	7	3～30 MHz	100～10 m	业余无线电
甚高频	VHF	8	30～300 MHz	10～1 m	TV Broadcast
特高频	UHF	9	300～3000 MHz	1～100 mm	电视、电话、空空通信、双路无线电
超高频	SHF	10	3～30 GHz	100～10 mm	雷达、区域网
极高频	EHF	11	30～300 GHz	10～1 mm	天文学

无人机与地面控制站之间无线电视距传输的有效距离可以根据几何关系简单计算得到，其推导过程如图 3.5.2 所示。

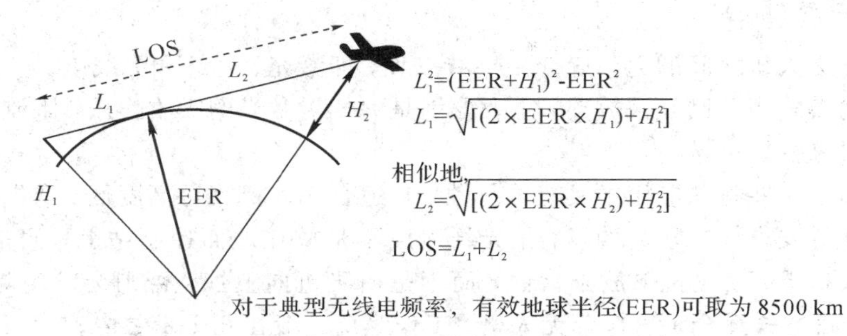

图 3.5.2　无线电视距传输距离推导

对于微波高频率无线电，真实地球半径约为 6400 km，而对于低频无线电，EER 的值应取 8500 km。一架无人机工作在相对较低高度（到 1000 m），采用无线电波，作用距离如图 3.5.3 所示。

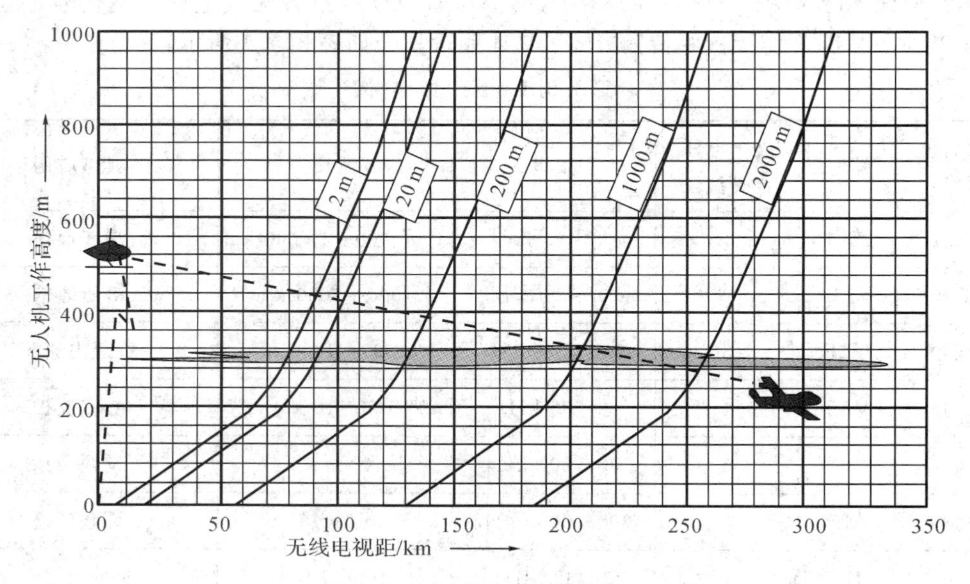

图 3.5.3　无线电视距传输距离

如果想要获得更远的作用距离，可以利用卫星或另一架无人机充当中继站。一般来说，云层多在 300 m 高度，为了使光电成像设备有效工作，无人机需要在云层下飞行，这样无线电的有效作用距离即使在平地上也只有 50 km 多一点。因此，对于中近程无人机，有时也需要利用中继方式传输。

2. 无线电频段分配

无线电频段的划分可参考表 3.5.1。各国或者地区对频段的分配会稍有不同，但是表

3.5.1是国际无线电联合会(ITU)的分配方式，覆盖的频段范围很宽。电气电子工程师协会(IEEE)和北约、欧盟对频段的划分会稍有不同，具体如表3.5.2所示。

表3.5.2　无线电频段划分

IEEE		EU,NATO,US ECM.	
波段	频率	波段	频率
HF	3 MHz～30 MHz	A	0 GHz～0.25 GHz
VHF	30 MHz～3 MHz	B	0.25 GHz～0.5 GHz
UHF	0.3 GHz～1.0 GHz	C	0.5 GHz～1.0 GHz
L	1 GHz～2 GHz	D	1 GHz～2 GHz
S	2 GHz～4 GHz	E	2 GHz～3 GHz
C	4 GHz～8 GHz	F	3 GHz～4 GHz
X	8 GHz～12 GHz	G	4 GHz～6 GHz
K_U	12 GHz～18 GHz	H	6 GHz～8 GHz
K	18 GHz～26 GHz	I	8 GHz～10 GHz
K_A	26 GH～40 GHz	J	10 GHz～20 GHz
V	40 GHz～75 GHz	K	20 GHz～40 GHz
W	75 GHz～111 GHz	L	40 GHz～60 GHz
		M	60 GHz～100 GHz

3. 无线电/微波频段分配

世界范围内协商无线电频谱和卫星轨道的国际论坛是世界无线电通信会议(WRC)，它每两年或三年举行一次会议，由联合国的国际无线通信联合会组织(ITU)召开。会议的目的是考虑科技、经济、工业以及其他方面的发展需求，寻求无线电频谱的最佳应用以及在国际上如何使用。

我国在2006年9月5日由中华人民共和国信息产业部第二十三次部务会议审议通过了《中华人民共和国无线电频率划分规定》，并且自公布之日起开始实行。该规定表明无线电频谱是有限的自然资源，为了充分、合理、有效地利用无线电频谱，保证各种无线电业务的正常运行，防止各种无线电业务、无线电台站和系统之间的相互干扰，根据《中华人民共和国无线电管理条例》，参照国际电信联盟2004年出版的最新《无线电规则》，结合我国无线电业务的发展现状，中华人民共和国信息产业部对《中华人民共和国无线电频率划分规定》(信息产业部第14号令)进行了修订，并将修订后的《中华人民共和国无线电频率划分规定》予以公布及施行。研制、生产、进口、销售、试验和设置使用的各种无线电设备，应当遵守本规定，应当按照《中华人民共和国无线电管理条例》等法律规定办理相应的审批手续。

规定中还说明根据“一国两制”的原则，在香港、澳门特别行政区内无线电频率的使用应分别遵守香港、澳门特别行政区政府有关无线电管理的法律规定。该规定中所列入的香港、澳门无线电频率划分表由香港、澳门特别行政区政府分别制定和执行，相关资料和规定以香港、澳门特别行政区政府的法定文本为准。

4. 无线电作用距离受限于功率

无线电作用的距离除了受到视距传输的限制，还与无人机可以使用的频率有关。无人机系统如果要正常工作，那么全系统的各部件提供的射频功率应满足作用距离，这时需要考虑的相关因素包括：发射机输出功率和接收机的灵敏度、天线增益、路径损耗等。

5. 多径传播

多径传播，也称多径传输问题，就是在相隔微秒级的时间内的两个信号都出现在接收器图像显示器上从而造成的图像模糊。发射信号经附近的地物反射，就可能造成这种情况，这一问题可采用窄波束传输或先进的信号处理技术来克服。

6. 无线电跟踪

无线电跟踪可以作为无人机导航的一种方法，只需要在无人机上安装无线电收发信机，就可以接收、放大、回传来自控制站或跟踪站的信号，或者无人机下行时发射适当的脉冲信号。

7. 控制站与无人机之间链路中断

控制站和无人机上的天线系统能够按照方位和俯仰方向以适当的方式进行扫描，链路中断后，一个进行扫描来寻找另一个，使它们彼此知道中断前最后时刻对方的位置坐标，成功捕获对方的时间取决于彼此的波束宽度。在指定时间内双方还没有建立起通信联系，无人机就按照预定程序返回基地，也可以恢复使用备份的短距离的全向VHF链路，特别是在控制站主链路发射出现故障时采取该模式。

8. 脆弱性

无人机系统的脆弱性包含两个方面：一个方面是无人机与地面控制站之间的通信容易被敌方检测到，从而暴露无人机系统，使敌方对无人机攻击进行提前预警或是对我方无人机系统采取攻击或干扰等措施，使无人机系统失去其工作的意义；另一个方面是无人机和地面控制站之间的通信很容易受到各种各样的干扰。

通常采用极窄波束的方法进行传输避免对方检测到无人机信号，并且采用提高发射功率、增大天线增益、缩小波束宽度、提高处理增益的方法来尽量减小来自各方信号对无人机系统的干扰。

9. 多用户通信与互操作

无人机系统在未来发展中，可能不仅仅是单用户的操作，还需要其他用户参与进来，彼此之间进行收发信息、信息共享等操作，这就是无人机系统的多用户通信以及其通信系统的互操作特性。

实现多用户通信以及互操作的特性，是无人机未来发展的趋势，在民用方面是非常实用也是非常需要的一种无人机通信方式。图3.5.4是一种无人机互操作系统的示意图。

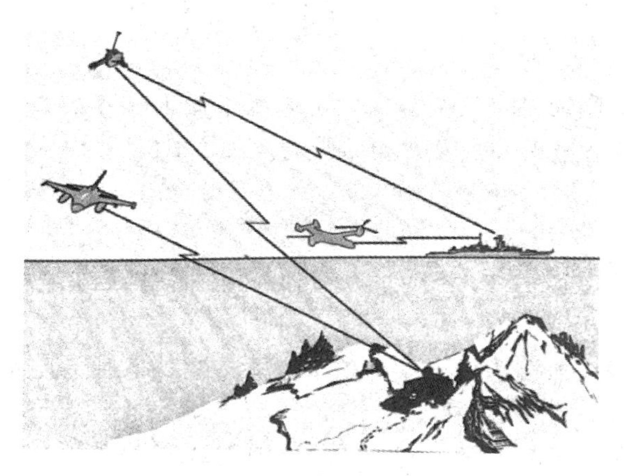

图3.5.4　无人机互操作系统的示意图

3.5.3　通信系统的性能

通信系统的性能主要包括数据通信速率及带宽利用率。

为了使数据适应通信系统的性能，有时需要将数据的传输速率降低到能够在无人机通信系统中进行传输的速率。通常有两种方法来降低数据传输率，分别为数据压缩和数据截断。

(1) 数据压缩是将数据变换为效率更高的形式，变换后保留数据原有的全部信息，并能在地面重建，按需恢复原始数据。理想情况下，不论是否为有用信息，所有的信息均不会丢失，而实际上，由于压缩和重建过程中的缺陷，丢失信息的情况时有发生。数据压缩使用了一些算法去除原始数据中的冗余部分，为了使地面站操作员能够理解数据，还需将去除的部分重新插入数据。

(2) 数据截断就是为了降低数据传输率而丢掉部分数据。在此处理过程中部分信息会丢失。但是，若能明智地进行数据截断，则能做到丢失的信息恰好是那些执行任务所不需要的信息，从而使得截断处理对执行任务的效能没有影响或影响较小。

如果上述两种方法仍然不能让数据传输速率降到足够低的水平，则有必要丢掉那些有用信息。此方法虽然会降低系统的性能，但如果不影响执行任务的效能，还是可以采用的，当然，执行不同的任务所需要的信息会有所不同，需要人为地根据执行的任务划分数据的有用性。

另外，也有些技术是将降低数据传输速率的功能在传感器系统中实现。因为如果降低数据传输速率在通信系统中完成，那么对通信系统的性能就会有更高的要求；而如果在传感器系统中完成数据压缩、截断和重建，那么通信系统仅仅是传送和接收这些数据，这会大大提高通信系统的性能。当然，这会对传感器的系统有更高的要求。

目前，无人机的通信带宽大部分被军用无人机占用，如果民用无人机大量投入使用，那必将要提高带宽的利用率。为此，逐渐开发了一些新技术，如带宽压缩技术。提高无人机通信系统的带宽利用率必将提高无人机通信系统对带宽的要求，还会降低对实时通信系统的依赖，这些都会促进无人机的自主能力的研究和发展。

3.6 发射和回收

无人机的发射和回收通常被认为是无人机应用中最困难和最关键的阶段，而事实证明也确实如此。本节简要介绍无人机发射和回收的几种方式。

3.6.1 发射系统

无人机的发射方式有很多种，有的复杂有的简单，有些是由大型飞机发射经验引出的，也有一些是小型无人机所特有的。

无人机的发射方式一般分为以下 3 种类型，每种类型都有其适当的回收方式。

(1) 轮式起落架水平起降，需要一段跑道；

(2) 当无人机没有垂直起飞能力时，可采用弹射或零长火箭助推发射，这样就不需要跑道；

(3) 垂直起降。

在这里，主要分两类讨论：一类是水平起降，包括导轨弹射器、气动弹射器、液气混合弹射器、零长火箭助推器等；一类是垂直起降。

导轨弹射器，如图 3.6.1 所示，这是将无人机固定在导轨或滑轨上加速到发射速度的装置。虽然导轨弹射器可以使用火箭动力，但一些其他类型的推进力也常使用。

图 3.6.1　无人机导轨弹射器

气动弹射器，如图 3.6.2 所示，这是只依靠压缩气体或空气提供动力来加速无人机到达飞行速度的装置。有些弹射器使用压缩空气储气罐，由便携式空气压缩机来充气。当阀门打开时，储气罐中的压缩空气被释放到一个气缸中，在气缸内沿发射导轨方向推动活塞。活塞与骑在导轨上的飞机托架连接，有时会通过缆绳和滑轮组连接，这样就可以放大作用力，代价是冲程减小；或者放大冲程，代价是作用力减小。托架刚开始时由一个插栓锁在待发位置。解锁过程可以使用凸轮降低加速度冲击速率。在动力推动冲程末端，使用某种类型的缓冲器来制动托架，飞机飞离托架，以足够的空速保持飞行。这种气动弹射器适用于重量较轻的无人机，并且受环境气温的影响。另外，还有使用“拉链式”密封的自由活塞，在开缝气缸中运行。还有在“先锋”无人机中应用的气动弹射器，是将压缩空气储存在一个大储气罐中，然后充入空气马达，马达带动一个卷扬机卷绕的尼龙带，使其在无人机越过导轨最末端时松开尼龙带发射无人机。就当前技术而言，这种弹射器仅适用于发射重量约低于 225 kg、发射速度低于 75 m/s、持续加速度不超过 $4g$ 的无人机。

图 3.6.2 无人机气动弹射

液气混合弹射器基本原理是利用压缩的气态氮作为发射动力源。这种发射器可以以 44 m/s的速度发射重量至少为 555 kg 的飞行器。全尺寸和轻量级的弹射器已经由全美工程公司研制完成。这种技术已经被成功应用在一些无人机项目中。

无人机零长火箭助推发射是一种最常见最成功的发射方法，这种发射方式不使用导轨，飞行器可直接从固定装置上起飞，一旦启动就可自由飞行，如图 3.6.3 所示。

图 3.6.3 无人机零长火箭助推发射

可控垂直起降是最漂亮的发射方式，无人机系统不需要跑道、简易跑道或笨重的弹射装置，在任何地形下都可发射。发射时不受风向等因素的影响，并且飞机可在短时间内起飞。在一些无人机系统中，在无人机启动并自检完成后，只需操作员输入高度和爬升等控制参数，然后无人机便可即时起飞。旋翼直升机是该类无人机的代表，如图 3.6.4 所示。

图 3.6.4　垂直起降无人机

3.6.2　回收系统

无人机的回收系统不但要求飞机安全着陆，而且包括将其运回基地或机库。最简单的方式就是像载人机一样着陆，将无人机降落在道路、跑道、平地或者航空母舰甲板上。本节主要讨论几种常用的回收方法。

(1) 常规着陆是固定翼无人机最常用的回收方法，就是在跑道上降落。一种经常使用的适于跑道降落的技术是给无人机装一个尾钩，并在跑道上安装拦阻装置。目前普遍使用的拦阻装置——吸能器主要有摩擦制动和旋转液压制动两种。滑橇式着陆已经在“天眼”无人机中成功应用，并且可在没有大的障碍物的较平整的跑道面上使用。还有一种拦阻索回收系统是将拦阻网连接到缓冲器的滑轮绳系上，这种方式必须将网设计成能将无人机罩住的大小，并且使制动负荷平均作用于机身结构上。非常小型的无人机只需要以一个较小的角度飞到地面之后滑行停止。

(2) 水平起降的无人机回收系统包含弹射无人机系统的回收、滑橇式或机腹着陆方式、撞网回收方式即伞降回收方式。

弹射无人机系统的回收与发射一样，需要一些比较复杂的装置。滑橇式或机腹着陆方式只适用于非常小的无人机，其特点是飞机存活率高，成本低，可在小型和微型无人机中推广应用。撞网回收系统的效果并不理想，会造成无人机的损坏。撞网式的回收网既可安装在地面移动的车辆上也可以由风筝、滑翔伞或气球悬挂，这两种方法都是减小飞机的撞网加速度，避免无人机的损坏，但都存在一些问题，不过都有一定的应用前景。伞降回收是当前使用最多的方法，这种方法的缺点是无人机和降落伞的组合易受到风的影响，因此其精确的触地点通常不好预测，容易降落在丛林或其他地方损坏无人机，图 3.6.5 为“凤凰”无人机的发射、回收装置。

图 3.6.5　"凤凰"无人机发射、回收装置

(3) 垂直起降无人机系统目前已被大量应用，其回收方式比较简单。该系统可利用差分 GPS 或别的导航系统控制飞机到达距地面一定高度的预定装置，利用电子系统控制无人机逐渐减速降落，如图 3.6.6 所示。另外一种是使用系留绳回收系统，通过无人机抛下一根带钩的系留绳，勾住钩挂线，利用挡块和绳子的巧妙布置使得钩挂线被回收系统卷绕，将系留绳绕到绞盘上从而实现回收，如图 3.6.7 所示。

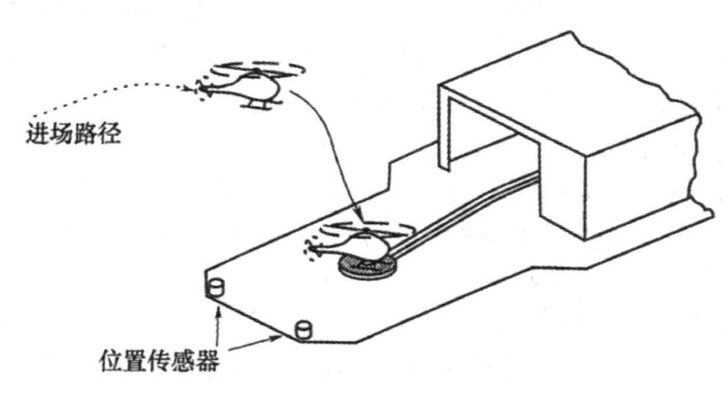

图 3.6.6　无人机电子系统回收方式

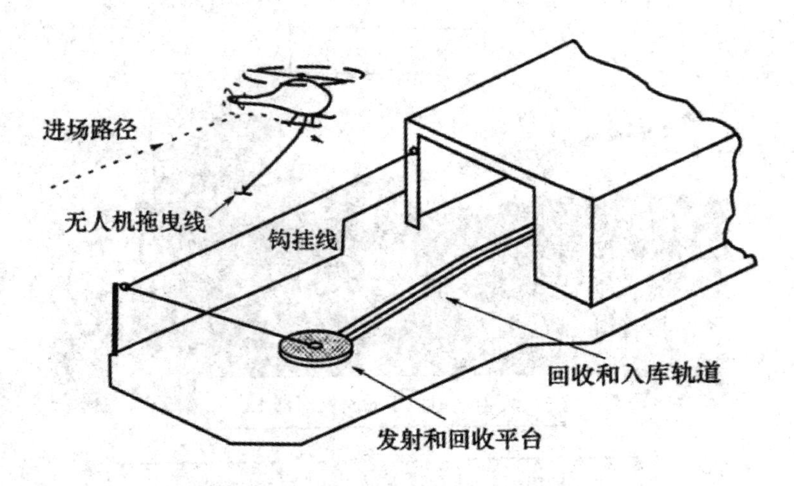

图 3.6.7 无人机系留绳回收方式

无人机的发射和起降方式中，垂直起降是最简单也是应用性最强的方式，当今流行的旋翼无人机也采用该种方式，且将在未来的发展中大量应用。

还有一些自动控制技术在无人机回收方面的应用，包括雷达引导、遥测设备引导、GPS组合引导、光电精确引导等。

雷达引导是指雷达可以在能见度极差的情况下提供类似于光学成像的高分辨率图像，把测得的雷达成像信息与储存的无人机数字图像信息进行对比就能确定无人机的实时位置，当无人机偏离预定航线时，地面站发出控制指令使无人机按预定回收航线飞行。这种导航方式的优点是主要导航设备安装于地面，无人机体积小、重量轻、造价低，而缺点则是定位精度受限于雷达的定向精度，机载航向陀螺也存在随飞行距离增大的积累误差，回收须采用地面雷达站，费用将增加，军事上也将因某些地区无法设置雷达站而受限制；此外，所需雷达设备价格也很昂贵。

遥测设备引导中的地面设备主要有自动测向设备、制导计算机、无线电遥控设备；机载设备有无线电信号发射机和遥控接收机、飞行控制计算机、自动驾驶仪、舵机系统。此系统由无人机发射信号作为辐射源，地面站使用无线电测向(遥测、磁测)设备测得无人机姿态，采用无线电应答方式，测得无人机距离，利用高度传感器和遥测信道测得无人机高度，从无人机的姿态、距离和高度确定无人机飞行参数。当无人机偏离航线时，通过遥控系统，将无人机引向预定地点。此导航方式受地面测量设备精度的限制，适合近程使用，远距离定位具有无线电信号延时等问题。

GPS组合引导是用全球定位系统(GPS)实现了全天候、高精度、连续、实时导航，可对无人机进行授时、定位、测速，同时，高性能、小型化、低价格的商用GPS接收机大量涌入市场，给GPS提供了良好的应用条件，因此各国对GPS回收导航系统进行了大量研究。GPS通常和其他导航系统组合使用，常用的GPS组合导航系统有：GPS/INS组合导航，DGPS/SINS/RA组合导航系统，GPS/罗兰C组合导航系统。

光电精确引导是指当无人机进入进场段，地面控制站对光电引导系统发出控制指令，将光电引导系统指向无人机进场轨迹指定的空域。在该空域中，光电引导系统搜索和捕获无人机，并沿着回收轨迹跟踪无人机。在跟踪过程中，光电引导系统不断地产生无人机的位置信息，而地面控制站可利用这些数据对无人机进行遥控，将其保持在回收轨迹上直到着陆。地面控制站中的操作人员通过显示器观察CCD摄像机生成的图像，对进场段的无人机进行搜索，当清楚看到无人机后，捕获并锁定无人机，光电引导系统自动将成像中心锁定在无人机上，并进行自动跟踪。此后，操作人员只需在屏幕上对无人机进行监视，确保无人机被正确引导，只有在发生了技术故障情况时，才需要操作人员的介入。

3.7 无人机系统其他技术

3.7.1 传感器技术

无人机系统中的传感器技术是非常重要的，不论是无人机保持稳定飞行，还是执行相关任务，均需要各种传感器采集、收集数据甚至是处理数据来完成。

根据目前的无人机发展趋势，传感器技术在其中起到的作用，以一个简单的四旋翼无人机为例，所使用的传感器如图3.7.1所示。

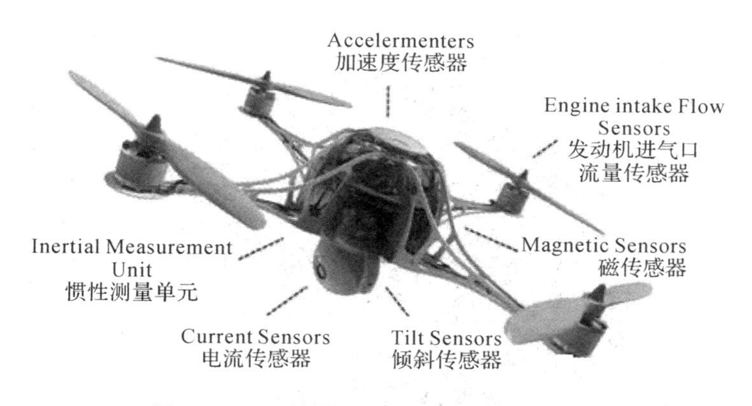

图3.7.1 四旋翼无人机传感器应用示意图

无人机上的每个传感器的具体参数都可以通过查阅相关的厂商资料来获取信息，这里不再一一做详细介绍，只对于一些通用的传感器，进行简单的说明。

1. 加速度计

加速度计用于确定位置和无人机的飞行姿态。比如任天堂Wii控制器或iPhone屏幕位置，这些小的微机电系统(MEMS)在维持飞行控制中起到关键的作用。MEMS加速度传感器有多种方式感知运动姿态，这种类型的技术能够感知微型集成电路的微小运动，这类微小的运动改变了结构中电流的移动，从而指示与重力有关的位移变化。

另一种加速度计的技术为热对流技术，具有几个明显的优势。它没有移动部件，而是通过一个“热气团”的位移来感知运动的变化。这类传感器灵敏度较高，在稳定车载摄像机、电影制作等应用中起着至关重要的作用。通过控制上下运动和防震功能，拍摄者就能够非常顺利地捕获画面。

此外，由于这些传感器较其他产品有更好的抗震性，热对流MEMS传感器对无人机螺旋桨运动的抗震性有着完美的表现。图 3.7.2 所示是两种加速度计图片。

图 3.7.2　加速度计

2. 惯性测量单元

惯性测量单元结合 GPS 是维持方向和飞行路径的关键。随着无人机智能化的发展，方向和路径控制是重要的空中交通管理内容。惯性测量单元采用的多轴磁传感器，在本质上都是精准度极高的小型指南针，通过感知方向将数据传输至中央处理器，从而指示方向和速度。图 3.7.3 所示为多轴磁传感器图片。

图 3.7.3　多轴磁传感器

3. 倾角传感器

倾角传感器集成了陀螺仪和加速度计为飞行控制系统提供保持水平飞行的数据，这是在易碎品运输和投递过程中最重要的稳定性监测应用程序。这类传感器和陀螺仪结合加速度计，能够测量到细微的运动变化，使得倾角传感器能够应用于移动程序，如汽车或无人驾驶飞机的陀螺仪补偿。

4. 电流传感器

无人机电能的消耗和使用非常重要，尤其是在电池供电的情况下。电流传感器可用于监测和优化电能消耗，确保无人机内部电池充电和电机故障检测系统的安全。电流传感器通过测量电流(双向)，理想的情况下提供电气隔离，减少电能损耗和消除电击损坏用户系统的机会。同时，具有快速的响应时间和高精度的传感器可以优化无人驾驶飞机电池的寿命和性能。图3.7.4为几种电流传感器示意图。

图3.7.4 电流传感器

5. 磁传感器

无人机的电子罗盘提供关键性的惯性导航和方向定位系统的信息。基于各向异性磁阻(AMR)技术的传感器，较其他传感器相比有明显的低功耗优势，同时具有高精度、响应时间短等特点，非常适用于无人机。整体解决方案为无人驾驶飞机制造商提供稳定的传感系统和紧凑的封装。图3.7.5所示是一款高精度三维电子罗盘。

图3.7.5 三维电子罗盘

6. 发动机进气流量传感器

流量传感器可以用于有效地监测电力无人机燃气发动机的微小空气流速。这一功能能够帮助引擎CPU确定在特定的引擎速度下保持适当的燃料空气比值，从而改善功率和效率，并减少排放量。许多气体发动机进气流量传感器都采用热式技术，主要利用加热的元件和至少一个温度传感器来量化进气流量。MEMS热式气体进气流量传感器也在微计量范围内利用热原理及适用于对重量要求较高的领域。

7. 高度传感器

测量相对高度的传感器，其测量方法包括通过测量无线电脉冲、激光或声波能量从发射到回来的建立时间，进而测量高度，这个高度是相对地面的高度。它们测量的精度是不同的，取决于信号的频率和功率，但精度通常高于气压高度传感器测量的精度。无线电高度表由于天线的布局结构的不同，其测量精度和范围也是不同的。图 3.7.6 所示是一款具有温度补偿的无人机高度传感器。

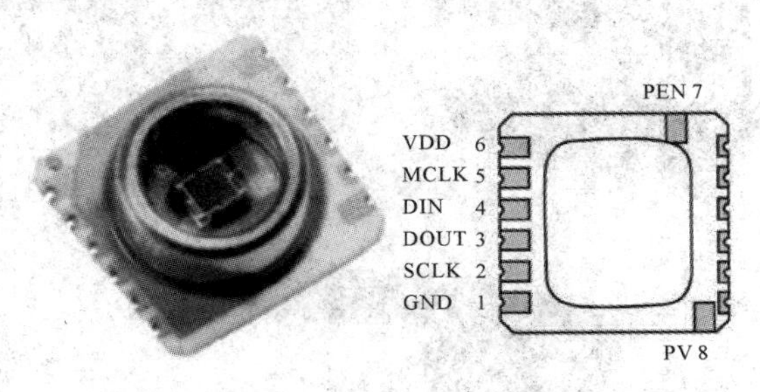

图 3.7.6 具有温度补偿的无人机高度传感器

为更好地完成无人机的战场任务，各国在传感技术上开发了许多新项目，并在无人机中使用，比如多光谱/超光谱成像(MSI/HIS)技术、先进的合成孔径雷达技术、超高频/甚高频穿透树叶技术、光探测和测距(LIDAR)技术、LIDAR 成像技术、LIDAR 气溶胶照明技术、核侦测系统等。

3.7.2 自主性

无人机的自主性通常的定义是指无人机能够自主地执行任务，并且依据事先规划的飞行程序，不依赖外部指令完成从起飞到降落的全部飞行过程。还有的机构认为自主性还包括人工神经网络的元素，也就是说，无人机系统能够在没有人或者预先设定程序的情况下，自己作出决策。

机上无人、任务复杂以及动态环境不确定决定了无人机(UAV)系统必须具备很高的自主性，从目前所能达到的技术水平来看，真正实现非结构化环境下无人机的自主控制是一项具有挑战性的技术难题，如何实现对突发事件的自主管理是无人机自主控制能力的重要体现。

随着无人机单机自主性、机载计算能力及信息技术的不断发展，无人机必将朝着网络化、分布式、自主协同控制方向发展，不同任务和类型的异构多无人机自主协同以及有人/无人自主协同也是无人机自主控制的发展方向。

自主性、机载信息获取、传输及其应用能力将是未来无人机在动态战场环境下完成复杂任务的关键。美国海军研究办公室和空军研究实验室(AFRL)于 2000 年率先提出了自主作战(Autonomous Operations)的概念。美国在机载战场管理系统(Airborne Battle Management System Program)和自主作战无人机自主性(Autonomous Operations UAV Autonomy Program)两个国防计划项目中，明确将自主性(Autonomy)作为无人机的目标，并指出了实现该目标所要解决的关键技术：态势感知、智能自主性、多平台网络化/通信/作战等。

完全的无人机自主性是一项革命性的技术，是一个渐进的发展过程。为此，美国军方在无人机路线图中将无人机自主性从遥引导到单机自主、直至集群完全自主共划分为 10

个等级，旨在评估目前取得的成果和制定将来的研究计划。为了逐步达到未来理想化的自主能力，有必要对不同的自主等级进行理解和细分，并洞察每个自主等级所需要的关键技术以及信息与通信在这些不同自主等级中可能起到的关键作用，并最终实现网络中心环境下无人机的完全自主性。

如何类比人类的认知和决策过程来研究无人机的自主性行为和决策机制，对于无人机自主系统的理解、设计并实现具有重要意义。无人机自主控制系统最重要的功能就是在动态环境下复制驾驶员或任务指挥员的智能或决策，而取得该能力的唯一途径就是使得无人机具有类似人的生理敏感单元(五官)和决策算法(大脑)。因此，如何从人类的认知和决策过程来研究无人机的自主性行为和决策机制，如何将人类的决策性行为、程序性行为以及反射性行为映射为无人机自主系统的决策层、组织协调层及执行层，对于无人机自主系统的设计和自主等级的划分无疑具有重要意义。

经过漫长的生物进化过程，人类自身的神经智能控制系统已经发展成为一个非常完美的自主控制系统。面对多种多样的复杂控制任务，这个自主控制系统不但能够直接控制并实现具体的行为意图，还能根据自身已有的信息，综合环境信息进行决策规划、抽象推理，将复杂、模糊、抽象的控制任务层层分解，逐步具体化，从而达到最终目标。

人类的智能是这样的一种能力，它能够计算、推理、感知关系和类推、快速学习、存储和恢复信息以及对新态势进行分类、归纳和调整。从信息处理的角度看，人类的智能活动可以分为显意识、无意识、下意识和前意识4个不同智能水平的层次。

显意识是指那些能够被自己觉察到的思维行为以及能够被自己意识到的心理活动。无意识则描述了那些感知系统没有释放或者没有表现出的思维行为。下意识是处于我们的显意识层之下但却对我们的智能行为产生关键作用的程序性知识(技能)。前意识是前注意(Preattentive)的决策过程，可以帮助显意识思维选择处理对象，在更为符号化的层次上对信息作更整体化、更为粗化的处理。

人类的神经系统支持一个智能化、自动化的层次结构：上层是决策性行为，中间是程序性行为，下层是反射性行为。

决策层主要执行一些决策性行为(Declarative Actions)，由大脑皮层产生前意识和显意识智能行为，提供推理、判断、决策等高层次的神经控制活动，是最主要的推理决策的执行体。这一层行为活动的特点是占用智能资源多，处理时间长，行为活动的结果不是具体的某种行动，该行为活动具有符号化和抽象化的特征。

组织协调层主要执行一些程序性行为(Procedural Actions)，由中层神经中枢(脑干、小脑)等产生下意识智能行为，提供程序性熟练行为的神经控制行为。程序性行为与下意识紧密相连，负责程序性的行为控制，并负责上层与下层间的指令和传感信息传输，是最主要的控制组织与协调的执行体。中层神经系统具有很高的控制精度，其行为活动占用智能资源相对较少，所需的时间尺度较小，行为活动的结果具有模式化的特点。这些程序性行为需要经过不断地学习训练后，才能在我们的意识中形成。

执行层主要执行一些反射性行为(Reflexive Actions)，由底层神经中枢(脊髓、丘脑、感知神经和运动神经等)提供反射性行为的控制，负责人体神经控制中具体行为的控制与执行以及与外界的信息沟通，是最主要的实际控制动作的发生体。这些活动基本上不占用智能资源，活动的反应时间非常短，并且一般在上层神经接收到神经兴奋信号前就可以完成。由对人类自主控制功能的分析可见，人类神经智能控制系统的 3 层递阶结构分别支持了 3 类不同层次的自主行为。于是当我们研究和划分无人机自主控制等级时就应该参考自主的源头——人类自主控制行为的 3 层次分类。

根据现有的研究成果，人体的控制指令、反馈信息、传感器官信息传导主要通道由各种神经细胞组成。但是最近免疫学的研究表明：免疫细胞之间信息传递使用一条全新的途径，通过一些使免疫细胞能够彼此连接、交换分子的窄而长的隧道微细管（TNT）传递，使得免疫响应会非常迅速。该研究结果表明：在人类神经控制系统中，控制信息的传导途径和免疫信息传导途径是分开的。

根据美国空军研究实验室 2000 年的定义，无人机自主控制能力分为 10 个等级：1 级——遥引导；2 级——实时故障诊断；3 级——故障自修复和飞行环境自适应；4 级——机载航路重规划；5 级——多机协调；6 级——多机战术重规划；7 级——多机战术目标；8 级——分布式控制；9 级——机群战略目标；10 级——全自主集群。美国无人机自主控制等级发展路线如图 3.7.7 所示。

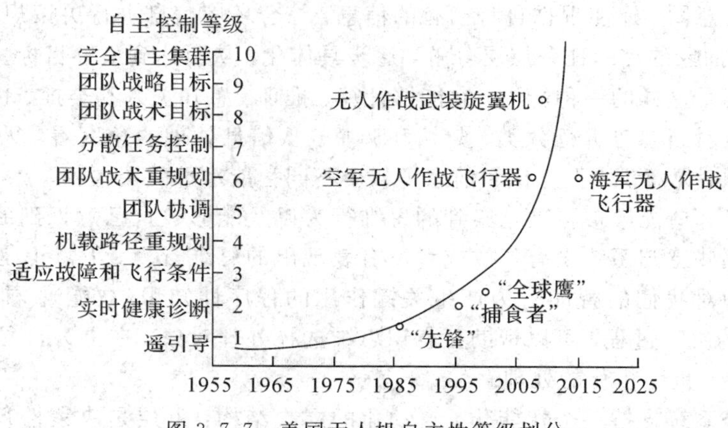

图 3.7.7　美国无人机自主性等级划分

分析美国空军研究实验室定义的无人机自主控制能力的 10 个等级，可将其分为 3 类：单机自主：1 级（遥引导）、2 级（实时故障诊断）、3 级（故障自修复和飞行环境自适应）和 4 级（机载航路重规划）；多机自主：5 级（多机协调）、6 级（多机战术重规划）和 7 级（多机战术目标）；机群自主：8 级（分布式控制）、9 级（机群战略目标）和 10 级（全自主集群）。

随着自主等级类型的提高，无人机的适应性提高，智能性提高，任务复杂性提高，规模、作用范围扩大，从战术层次到战略层次，概括而言就是自主性逐级提高。

如果无人机 10 级自主控制行为是由驾驶员来完成，可把这 10 级自主控制行为影射到人类神经智能控制系统的 3 层递阶结构所支持的自主控制行为，情况如下：

执行层（反射性行为）：1 级（遥引导）、2 级（实时故障诊断）。组织协调层（程序性行为）：3 级（故障自修复和飞行环境自适应）。决策层（决策性行为）：4 级（机载航路重规划）、5 级（多机协调）、6 级（多机战术重规划）、7 级（多机战术目标）、8 级（分布式控制）、9 级（机群战略目标）和 10 级（全自主集群）。

对无人机自主控制的 10 个等级有如下理解：(1) 美国空军研究实验室的无人机自主控制等级划分与人类自主控制行为的 3 层次分类先后次序是一致的；(2) 美国无人机自主控

制等级大多以这一等级控制与决策的代表性军事功能来命名；(3) 和人类自主行为的实施情况一样，高级的智能活动都以下级的智能活动为基础；(4) 5 级～10 级不再是类比个体驾驶员的智能行为，而是类比驾驶员群体的协调智能行为；(5) 5 级～7 级以集中式框架实现自主控制任务，随着技术的发展，也可采用分布式框架实现，8 级～10 级只能通过分布式框架实现；(6) 5 级是 6 级与 7 级的基础；8 级是 9 级与 10 级的基础；6 级与 7 级是 5 级的军事应用；9 级与 10 级是 8 级的军事应用；(7) 1 级～3 级是无人机适应自身、环境的变化而进行的自主行为(适应参数不确定、结构不确定)；(8) 4 级～10 级是无人机基于初始任务指令，适应任务不确定而进行的自主行为(适应事件不确定)。但初始任务指令由人指导产生，武器的投放指令或权限由人确定。无人机是有约束的自主系统，而不是无所不能的超级“机器人”。

无人机自主控制的基础是无人机的智能以及无人机之间或无人机与相关实体之间的信息互联和互通。互联和互通技术在不同自主等级中起不同的使能作用。互联是在网络环境中运用特定的技术，以允许系统之间进行数据和信息交互，任何系统只要符合所连接的接口和交互规范就可以进行互联。互通独立于网络环境，不考虑信息交换细节，而将重点放在系统及其支持下的应用之间的相互作用上。一组相互兼容的系统连接在不同类型的网络中需要通过网络互联来交换信息，一组不同类型系统在单一网络中需要通过网络互通来理解和应用信息，不同类型的网络和系统连接在一起则需要互联和互通能力。

互联互通能力等级越高；指令通道信息量越少，指令层次越高，互操作能力越强。可以把无人机互联互通能力分为 5 级，从而分析得到美国无人机自主控制等级所对应的无人机互联互通能力，如表 3.7.1 所示。

表 3.7.1　美国无人机自主控制等级所对应的互联互通能力

自动控制等级	通信等级	通信特征
等级 1～3	等级 1	一个地面站通过强制命令控制一个无人机，通过连续/离散指令连接
等级 4	等级 2	一个地面站控制一个无人机由不相互关联的命令和初始任务命令连接
等级 5～7	等级 3	一个地面站以集中的方式控制多架无人机，固定/定制环节，通过初始任务命令连接，无人机之间可进行信息的交流和共享
等级 8～9	等级 4	多个地面站分布式的方式控制多架无人机，可动态配置环节，通过初始任务命令连接，无人机之间可进行信息的交流和共享
等级 10	等级 5	多个地面站在分布式网络中心环境中控制多架无人机，通过初始任务命令连接，无人机之间可进行信息的交流和共享

正确制定我国无人机自主控制等级，有利于了解我国无人机所处的自主控制水平，同时也有利于为我国无人机自主控制技术的发展提供指导方向。

鉴于无人机自主控制等级是由无人机代替有人驾驶飞机驾驶员所能完成的智能行为等级，基于对美国无人机自主控制等级划分的深入分析，学习和引用美国空军研究实验室的无人机自主控制等级划分中科学与合理的内容，提出适于我国无人机技术发展的、更为合理的无人机自主控制等级建议，如表 3.7.2 所示。

表 3.7.2　我国无人机自主控制等级划分建议

<table>
<tr><th>自动控制等级</th><th>自动功能</th><th>自动类型</th><th>智能属性</th><th>通信等级</th></tr>
<tr><td>等级 1</td><td>遥控与结构性程序控制</td><td rowspan="4">个人自主性</td><td>放射性行为层</td><td rowspan="3">等级 1</td></tr>
<tr><td>等级 2</td><td>实时故障诊断</td><td rowspan="2">程序性行为层</td></tr>
<tr><td>等级 3</td><td>故障自修复和飞行环境自适应</td></tr>
<tr><td>等级 4</td><td>机载航路重规划</td><td rowspan="6">决策性行为层</td><td>等级 2</td></tr>
<tr><td>等级 5</td><td>多机编队与任务协同</td><td rowspan="3">多机协同</td><td rowspan="3">等级 3</td></tr>
<tr><td>等级 6</td><td>多机战术重规划</td></tr>
<tr><td>等级 7</td><td>多机战术目标重规划</td></tr>
<tr><td>等级 8</td><td>机群战略目标重规划</td><td rowspan="2">机群自主</td><td>等级 4</td></tr>
<tr><td>等级 9</td><td>全自主机群</td><td>等级 5</td></tr>
</table>

3.8　无人机系统的测试

无人机系统在设计初期均需要进行测试才能投入使用以及进行大批量生产。无人机系统的测试可分为地面测试以及飞行测试。

3.8.1　无人机系统的地面测试

无人机系统的地面测试包括无人机部件测试、组件测试、全系统测试、控制站测试、弹射发射系统测试等。

1. 部件测试

无人机的部件定义不一，有的可能结构非常简单，但也有的可能构造复杂，与一个组件类似。部件的测试需要建立相应的环境，比如极限应力、疲劳寿命、机械部件的磨损、电子元部件或电路的正常功能等测试环境。不论怎样，都需要生产出或是购买相应部件的样品，制定测试方法。一些电子和电气部件可以通过购买来获得，但是军事应用的一些保密产品则需要进行特定环境的测试。机械部件则需要测试其材料的极限应力、疲劳寿命、磨损等情况以及材料之间连接是否牢固。测试的结果和过程应以结构化为基础，并保证测试结果是在符合测试条件的基础上进行的。记录测试结果最好采用统一的表格形式，从而与相关的认证要求相一致，认证包括民用和军用许可。

2. 组件测试

无人机的系统组成单元涵盖的范围很广，所以系统在测试时可分组件进行测试，包括无人机的起落架、机械装置、无人机飞行控制系统、任务载荷、动力装置、通信系统以及回收系统等。

起落架通常采用“跌落测试”的方法。首先构建一个测试台，将起落架按照工作时的模式固定在测试台上，最简单的方法是将其固定在一个平台的下面，平台上安置有记录设备和测试仪器，用来测量加速度和时间。还包括一些应力测试仪器，用于完成对起落架关键区域的应力与形变测量，来验证工作时的冲击力与预测值的一致性。所有组件的质量总和，应当等于所设计的无人机的最大总质量。测试时，将测试台升到一定高度，然后松开起落架，起落架会以一定速度下落冲击。在松开起落架时，开启计时装置、测试仪器和记录仪，然后对测试结果进行分析，确定最大减速度以及冲击后的振动情况，并将受力情况与设计值进行比较。根据需要，可对起落架进行重复测试，进行数据对比，从而得到起落架的疲劳度以及寿命等参数。如果起落架是可回收的，那么还需要对回收机构进行测试。图3.8.1所示为多旋翼无人机的起落架。

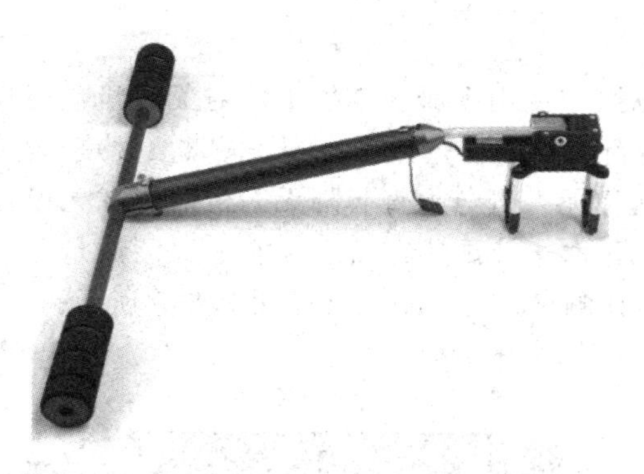

图 3.8.1　多旋翼无人机起落架

飞行控制系统通常是由电气部件来完成的，那么就需要对飞行控制系统里面的各类传感器进行测试。测试时，可定量化地输入数据到计算单元，再将带有姿态传感器、不含舵机的飞行控制系统安装在万向转台上，检验系统的响应是否正确。然后，再增加舵机装置、模拟飞行舵面、惯性阻尼等，此时的无人机已经是原型机身，可在上面安装完整的飞行控制系统。图 3.8.2 所示是目前市面上常见的几种飞控系统。

图 3.8.2　飞控系统

发动机的测试一般需要一些测试仪器来辅助完成，测量的发动机参数有平均功率、振动扭矩、轴转速、各种油门条件下的耗油量等。发动机一般在出厂之前都会进行测试，合格后才会出售，但是我们使用在无人机上，就还需要对其温度、工作环境温度、压力、噪声等因素具体地进行测量。如果对测量结果不满意，并且确定不同的条件对发动机的性能、工作温度、噪声等参数均有影响时，可以在安装形式中再进行补救性调整。

任务载荷的测试就要根据无人机携带的任务载荷来考虑以哪种形式进行测试。不过不论哪种测试，任务载荷可在安装到无人机之前，作为一个单独的系统进行测试。但是并不是所有的任务载荷独立测试成功便可毫无顾虑地在无人机上应用，比如雷达、磁性异常物检测、核生化探测等系统。

3. 全系统测试

全系统测试是指根据操作使用手册和维护手册对无人机进行操作，并根据使用情况对手册进行修改和完善。飞行前后的检查包括磨损、漏油、过热、连接头的连接安全可靠等。不过在这个过程中水平起降无人机与垂直起降无人机的测试流程有所不同。

水平起降无人机在测试时，需要搭建飞机功能地面测试台，利用起落架或机翼上的高强度悬挂点，将飞机悬吊在测试台上，测试台如图 3.8.3 所示。

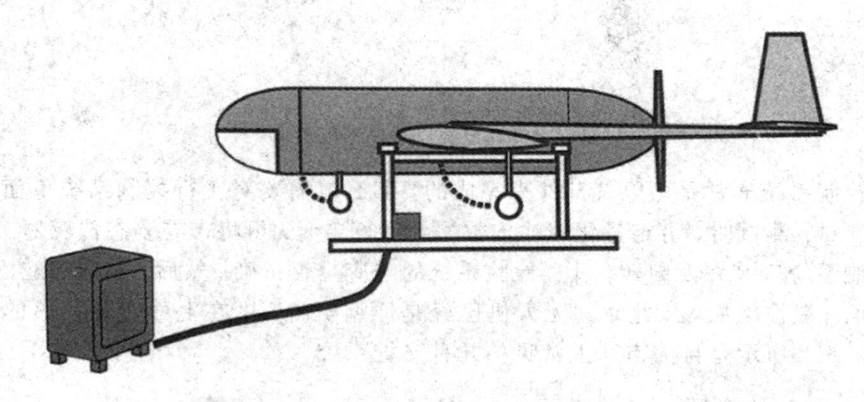

图 3.8.3　水平起降无人机地面测试台

测试台可以根据需要，允许起落架收起和展开。具有摇摆功能的先进测试台还可以使飞机处在不同俯仰和滚转姿态下，对其功能进行测试，不过这需要权衡这些测试台额外功能的性价比是否合理。之后，还需要构建合适的测试系统去测量和记录控制命令、飞机响应和状态并且显示关键数据这同样需要一些测试仪器来辅助测试，这些仪器包括线性角度电位计，用于测量控制舵面角度和油门行程；电流表、电压表、温度测量装置、加速度计、张力测量装置、发动机转速测量装置等；还可能需要测量螺旋桨推力的仪器，这项测试对于下阶段飞行测试非常有意义。测试时，还需考虑各种环境对飞机性能的影响，包括飞行过程中环境参数的变化，飞机是否能够很好地适应。如果无人机是轮式滑跑起飞，那么还需要相应的场地进行滑跑试验，测试是否能够达到要求。

垂直起降无人机，特别是旋翼飞机在地面测试时可以不离开地面，在等效悬停状态下进行各种测试实验，其风险会相对较小。旋翼无人机在测试时，同样需要构建测试台，如图 3.8.4所示。

图 3.8.4　旋翼无人机测试台

测试时，切向方向平衡的测试通常的步骤是：将旋桨从根部吊起，与弦线成一定角度，悬挂点沿翼弦方向可调整，调整悬挂点位置，直至桨叶旋转不存在扭曲，这样旋桨的质心点位于悬挂点外侧。如果该点与设计点有出入，可通过在旋桨前沿增加质量的方法进行调整；如果调整超过范围，可改进桨的制作方法，或者对设计进行修改。之后还要对旋桨、旋桨毂、驱动轴等一一进行测试。旋翼无人机还需要对其旋翼包括尾旋翼进行对应的测试，如果测试台条件不满足，则需要更换齿轮传动系统。不同的旋翼需要不同的测试方法。最后，带有真实载荷的无人机组装完毕后，需要安装在无人机功能测试台上对其再次进行测试，图 3.8.5 所示为共轴旋翼无人机的功能测试台。

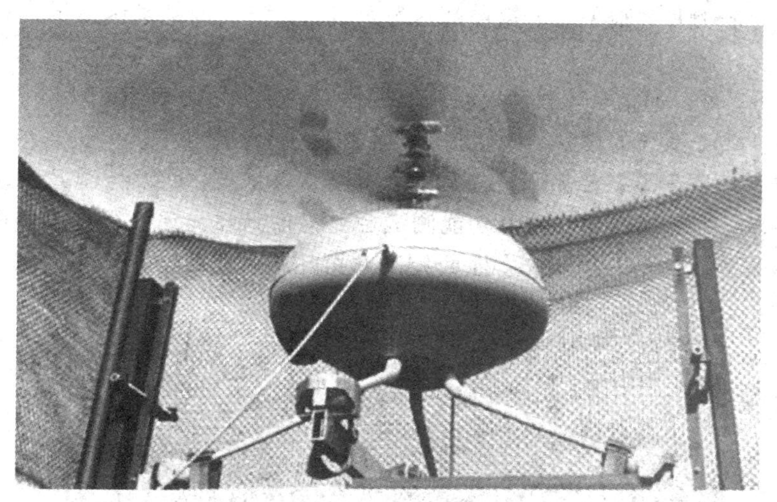

图 3.8.5　共轴旋翼无人机功能测试台

不论是水平起降无人机还是垂直起降无人机，它们的地面测试都不需要占用很大的地方，但是需要花费很多时间。测试时，可以将测试设备安置在一个机库内，并且保证该机库有良好的通风条件，从而保证发动机或旋翼系统在测试时，能够顺利进风和排风；同时，该机库还应保证能够在大多数天气条件下进行测试，并且保护灵敏测试设备，改善安全。图 3.8.6 所示是“小精灵”无人机的测试机库，该机库配置有测功计、旋翼测试台、飞机功能测试台等测量仪器设备。

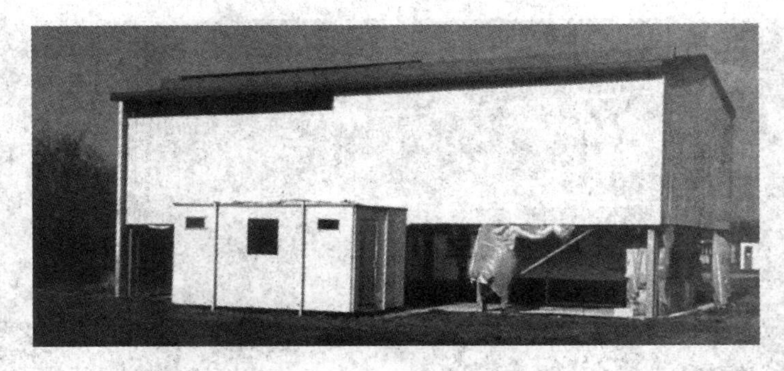

图 3.8.6 “小精灵”无人机测试机库

除此之外，对于无人机还要进行环境测试以及可靠性和寿命测试。无人机在地面测试时，可进行一些极限天气和气候的测试，为后续飞行测试做准备。不同天气条件下的测试主要包括对不同方向风力的响应，当然这包括阵风和急促风等，因为这在地面测试会更加安全。气候条件包括极冷和极热的天气，如果外界气温为 50℃，那么无人机表面温度就有可能接近 100℃，这都需要对无人机是否能适应进行测试；同时，还需对无人机机舱环境测试，包括辐射加热和温度控制。

无人机的可靠性和寿命包括各个部件、组件之间的连接是否可靠以及各个部件、组件的磨损情况。不同情况下的磨损度必有不同，而且一些不同部位的相同部件、组件也有可能有不同程度的磨损，这些情况都需要在地面测试时进行测试统计。

对控制站进行测试，则先要了解控制站的组成，包括控制站承载车辆的调平和加固装置，天线架设展开装置，操控人员工作环境中的空调、操控设备、飞机启动装置系统状态检查系统，发射分系统，通信分系统等。在测试过程中，控制站的测试可以与无人机地面测试同时展开，而一些子系统的设备，比如通信、控制、显示、记录、供电设备等，将分别单独进行测试检查，这些设备中大部分是外购的，需要有合格证。如果控制站在所有测试的过程中均满足要求，那么还需要在地面功能测试台上将控制站与无人机集成并进行一系列测试。对于一些小型旋翼无人机来说，地面控制站可能仅仅需要一台笔记本电脑便可完成，如图 3.8.7 所示。

图 3.8.7　小型地面控制站

弹射发射系统的测试主要包括投送的长度和发射无人机所需要的加速度。在设计弹射发射器时，飞机推进器产生的加速度一般不予考虑，因为推进器是针对飞行过程的高效而设计的，静止状态发动机产生的推力相对较小。利用与真实飞机具有相同质量和安装模式的模型飞机，对弹射器的有效性、从弹射轨道上释放飞机、轨道的固定等进行测试，记录在此段时间内飞行距离随时间的变换，以确定发射的正确速度。发射一般由控制站控制，如果是这样的话，用模型飞机测试发射也应该由控制站控制，它们之间可由电缆或无线电连接。

最终所有地面测试所得到的数据都应保证完整可查，并且将所有测得的数据结果记录在测试要求和测试报告等文件中，可以为今后无人机系统的认证工作做好准备。对于一些操控方面或可靠性上的不足应当给出报告，以便在后续工作中对其修改和再测试。除此之外，所有数据文件都应保存在一个控制文档中并由测试工程师来保管，便于后续交付工作。

3.8.2 无人机系统的飞行测试

无人机系统的飞行测试包括场地测试、飞行测试准备、飞行测试以及系统认证。

1. 场地测试

场地测试不是在无人机完成设计后，寻找合适的飞行场地，而是在无人机研发的初期，就寻找合适的飞行场地。因为即使小型的水平起降无人机，比如“沙漠鹰”无人机，如图3.8.8所示，采用手抛或橡皮筋的弹射发射，飞行速度在37～92 km/h，也需要800 m×800 m的测试场地，这样的场地在不同风向、风力大小的条件下，出现各种偶然情况都能保障足够的安全。但是这种场地也仅仅只能满足中速条件下的初始飞行测试，以检验机上设备情况，并对飞机的操控性和稳定性进行有效的检验。进一步的深入测试则需要1.5 km×1.5 km的场地，这种深入测试包括最大飞行速度测试、传感器性能测试、全面的飞机控制及稳定性测试和通信系统有效性的考核等。

图3.8.8 “沙漠鹰”无人机

初次飞行将携带最小质量的载荷，装载中等数量的燃油，但是还需要搭载部分测试仪器。首次飞行时的起飞重量通常小于设计总质量，一般是设计值的80%，这样滑跑距离就小于正常工作时的距离。

如果假设无人机最低飞行速度是92.6 km/h，飞机首先爬升到安全高度，一般是

100 m，再爬升 1000 m，然后以 1.1 g 的加速度、中等速度进行转弯。这个过程还需要往前飞行 100 m，然后下降朝回飞，回到偏离起飞航线 200 m 处。假设在下降回到跑道的端点之前，做一个类似的转弯，整个飞行航迹将是一个椭圆，长为 2500 m，宽为 200 m。此时，还需要在椭圆形飞行范围的各个方向、各边留出 200 m 的应急区域，这样需要测试场地大约是 3 km 长，600 m 宽，这种场地也只能满足低速飞行的测试需要。如果在各种方向风存在的条件下进行飞行，场地需求大约是 31.5 km×31.5 km。

弹射发射无人机初次飞行测试的场地需求要小一些，大约是 2 km×2 km。垂直起降无人机对场地需求最小，初次、低速飞行测试场地需求大约在 1 km×1 km 以内。

2. 飞行测试准备

飞行测试准备包括入场前的准备、测试人员培训以及试验现场准备。

在将系统拉入测试场之前，需要与测试场地的管理部门包括场地安全官员在费用许可的基础上讨论一下航程测试要求，要签署场地飞行规划文件，确定飞行程序，无人机操控人员则需要按照这个程序操控飞行。

通常在测试的场地上还需要安装应答系统，实现场地飞行跟踪，还要增加安全设备，该设备可以根据安全考虑，自主地决定终止飞行，该设备要求在系统到达试验场地之前，检查其功能的正确性。对于固定翼飞机，终止飞行的手段通常是以最适合的方法立即切断发动机动力，然后开伞。对于垂直起降无人机，终止飞行的最佳手段是降低动力，改变旋翼的倾斜角，以使其快速地降低高度。如果无人机系统中嵌入了自动飞行控制系统，它可以在没有动力的情况下，进行自动飞行控制。

用于地面测试的大部分仪器将在无人机飞行测试中继续使用，此外还要增加其他仪器，如垂直向和侧向加速度计，以记录飞行的机动情况。前期测试中可能没有用到的仪器，比如油量计，此时就需要使用。为了提高安全性，使测试更方便，还需要采纳来自航路安全管理者的一些意见，当然这些意见有强制性的，也有供自愿选择的。

开发无人机系统的测试操控人员，其任务和能力要求与未来使用者的要求明显是不同的。承担无人机系统首次飞行测试的人员至少部分将从前期地面测试工程人员中抽调，这是因为他们熟悉全系统的工作过程及要求，知道系统飞行测试中需要测什么。

虽然无人机飞行控制系统首次飞行时具有一定程度的自动化水平，但是大多数的首次飞行控制最好还是由操控人员直接控制，将无人机控制在视线范围内。要采用手动操控模式，应对一些可能的故障或自动控制不足的情况。

系统在测试现场组装完毕，飞机按照现场指挥者要求的地点放置到位，并且天气条件良好，就可对飞机和 GCS 开展加电检查。将飞机重新放置在距离地面控制站一定距离处，这个距离要与飞行的最大距离相对应，然后开启飞机发动机，检查通信链路的完好性，检查测试场地安全设备的功能。

3. 飞行测试

无人机的飞行测试按照发射特性的不同划分为 3 种基本形式，分别是轮式起落架无人机、弹射发射无人机、垂直起降无人机。

(1) 轮式起落架无人机如图 3.8.9 所示，可以选择以较小的起飞重量，在起飞速度之下进行地面的一系列滑跑测试，这样可以使操控人员更好地感受飞机的飞行控制响应特性，以便确定或修正前期从仿真中获得的一些指标特性。

图 3.8.9　轮式起落架无人机

一般在完成飞行前检查并且使飞机起飞总重量尽可能小后，系统以及工作人员就可以开始首次飞行了。首次飞行剖面要简单，起飞后，以中速、低转弯速率完成 1～2 个往复飞行，然后降落。首次飞行成功将使操控人员掌握系统及人机交互产生的信息。另外，还需要进行飞行后的检查和飞行数据分析。每次飞行，都要进行飞行前和飞行后的检查。

(2) 弹射发射无人机，如图 3.8.10 所示，无人机离开弹射架的瞬间已经在风洞力方面进行了测试，并且还进行了模拟仿真。它的发射和回收是无人机测试中风险最大的部分。

图 3.8.10　弹射发射无人机

如果无人机结构允许，在试图进行弹射起飞之前，可以先进行滑跑起飞，这样可以降低风险，增加操控人员对无人机系统的信心。除了出现弹射系统故障、发射过载导致的故障、回收伞或气囊故障等以外，可将该类无人机的风险降低到与滑跑型无人机一样的水平。

(3) 垂直起降无人机，如图 3.8.11 所示，这类无人机首次飞行面临的风险最小，这主要是因为这类无人机在测试台上，已经完成了较长时间的悬停飞行试验，验证了其悬停飞行特性，可靠性达到了要求，离地的悬停飞行就不会有太大的问题。

在着地实现自动化之前，操控人员需要留意两个方面的情况，人眼对距离的判断与运动目标的大小有关，在控制无人直升机下降时，其估算的高度往往要比真实高度高。对于一个新操控手，容易造成降落减速过晚，导致最后阶段急速减速，造成过大的着陆冲击，从而损坏无人机。

图 3.8.11　垂直起降无人机

低速飞行测试成功后，可沿各个方向提高飞行速度，并且根据飞行包线，逐渐提高到最大值，要求提高的幅度不能太大。随着测试的深入，就会发现在航程控制或自动飞行控制系统中有需要改进完善的地方。

4. 系统认证

系统认证是指系统在所有配置模式下经过足够时间的飞行测试，验证了包括续航时间和可靠性等性能，测试结果被相关认证机构认可后，认证机构就会核发系统设计认证书，图 3.8.12 所示是一份中国无人机认证证书。此阶段围绕特定测试内容，测试飞行的最小飞行时间需要满足认证机构的要求。

U-Cloud（优云）系统认证证书

拓普康天狼星固定翼无人机系统经过严格测试，确认能够接入 U-Cloud（优云）系统，符合中国民用低空无人机运行要求。

图 3.8.12　无人机认证证书

第 4 章　无人机相关规范

由于近几年无人机产业的迅速发展，社会各界对无人机的飞行规范也越来越关注，针对出现的“乱飞”、“黑飞”等现象，世界各国陆续制定了相应的飞行规范。

4.1　美国无人机航空监管体系

4.1.1　背景

美国的航空体系发展得较早，其航空条例与技术监管几乎是同时诞生的。美国联邦航空管理局(Federal Aviation Administration，FAA)会收集用户在实践中遇到的意外事件、问题、异常情况等的报告，当这些报告的数量达到一定程度时，就会对相关条例进行修订。FAA 在向国家空域系统(National Airspace System，NAS)引进某项新技术或新规程之前，需要进行全面的安全分析，或者对已有条例法规进行对比回顾，从而判断新提议的技术或规程是否符合现行条例的规定。所以在无人机迅速发展的今天，FAA 针对目前无人机的现状先一步作出了制定相关条例规则的决定，从而确保航空环境的安全。

4.1.2　美国航空条例历史

美国有着悠久的航空条例历史。早在 1918 年，美国邮政总局在航空业务领域就开始了尝试，而此时距离首次载人有动力飞行时间仅仅过去了 15 年。早在 1915 年，美国总统威尔逊就签署了一项法案，设立了国家航空咨询委员会(National Advisory Committee on Aeronautics)，它的职能就是对与飞行相关的问题进行科学研究及监管。在此之后，美国陆续制定了至少 6 部相关联邦法规，对特定航空领域进行了规范。大多数法规的制定是出于对安全的考虑以及对规范商业航空的必要性的认识。在当时，航空坠机事件的数量、建设规范民用机场网络的需求、同一或通用的空中导航系统的缺失以及是否能够支持军用或民用工业增长和稳定发展的民航基础设施的建设需求等都是社会各界关注的问题。

1958 年，由于当时发生了一系列涉及商用客机的致命性事故和空中碰撞事件，因此美国颁布了《联邦航空法》，后来又依据该法创建了美国联邦航空管理局。该部门属于美国交通运输部(Department of Transportation)，其制定规则和管制权力的来源依据是《美国法典》(United States Code)第 49 章第 106 节。《美国宪法》的“商业条款”(第 8 节第 1 款)赋予国会广泛的权力，以“规范与外国及多个州之间的商业活动”。因此，美国政府对规范美国航空拥有专属权力，美国公民拥有通过通航空域的公共权力。除其他权力外，法律还赋予 FAA 的行政主管一项命令，以确保飞机的飞行安全和空域的有效利用。管理人员除了可以在公共利益需要时，修改或撤销某项法规、法令和指导性文件，还应明确飞机飞行时应当遵守的空中交通管制条例(包括安全高度规定，以便航行并对其进行导航、保护和识别)，以保护地面的人员和财产安全，有效使用通航空域并防止飞机之间、飞机与地面或水上交通工具之间、飞机与空中物体之间发生碰撞。后来，FAA还根据其规则制定权提出了飞机在美国航空领域内的运行标准——《联邦航空条例》(Federal Aviation Regulations，FAR)，该条例类似一条空中的“道路规则”，制约着所有空中飞行的任何交通工具、人员及地勤导航设施等，当然也包括了各种无人机。

FAA对于《联邦航空条例》的执行主要通过三种途径，分别是咨询通告(AC)、适航性指令(Airworthiness Directive，AD)和政策声明。

在对安全相关的事件或系统异常作出反应时，可以发布咨询通告或适航性指令，而技术标准规范(Technical Standards Order，TSO)的制定则是为了整治特定的技术问题。咨询通告为飞机或系统的所有人或运营机构提供指导，以便他们遵守相关的法规。适航性指令则是向已经认证的飞机所有人或运营机构发出通告，告知某种特定型号的飞机、发动机、航空电子设备或其他系统存在已知的不足，必须予以纠正。按照技术标准规范对材料、零部件或设备进行生产授权的，则被称为TSO授权。咨询通告的目的是向航空界就该法规设计的事物进行建议，但不具备公共约束力。关于无人机航空中争议最多的为“91－57号咨询通告”，该通告是沿用《美国联邦法规》第14章第91部分——《空中交通和一般操作规则》，该部分提出了相关空域法规。

政策声明是美国国会赋予其制定具有法律效力的规则的权利，且在行使该权力的过程中宣布应对某项法律条文予以尊重时，各级法院应按照已经发布的政策声明中的声明或记录，对该法律条文的行政执行给予尊重。FAA已经发布了三份关于无人机的政策声明，为AFS 400 UAS的05-01号政策声明、2007年2月6日在《联邦纪事》(Federal Register)上刊登的《无人机在国家空域系统中的运行》以及同样援引《美国联邦法规》第14章第91部分的《运行批准暂行指导意见08-01》。

4.1.3　有关无人机的现行规定

根据《美国联邦法规》第14章第1.1条的规定，“飞行器”(aircraft)应包含所有无人机，所以相关法规所约束的对象自然包括所有无人机，当然也包括无线电遥控的模型飞机等。因为毕竟FAA管理飞机类型的重点不是无线电遥控的无人机等，所以美国在1981年发布了“91-57号咨询通告”，该通告鼓励模型飞机操作员自觉遵守安全标准，这主要是因为在当时，美国政府已经意识到模型飞机可能给飞行中的全尺寸飞机和地面上的人员及财产带来安全隐患。

FAA于2005年9月16日发布05-01号AFS-400无人机系统政策声明，其主要目的是应对急剧增加的公共/私营部门的无人机系统飞行活动。当然这项政策需要不断地审查和更新来应对当前无人机系统的迅速发展。该项政策声明是由多个部门共同制定的，并且代表了这些部门的意见，这些部门有：AFS-400，飞行技术和程序司和FAA飞行标准处(Flight Standards Service，FSS)、AIR 130，航空电子系统部(Avionics Systems Branch)和FAA航空器认证司(Aircraft Certification Service)；ATO-R，系统运营和安全办公室(Office of System Operationsand Safety)和FAA空中交通组织(Air Traffic Organization，ATO)。

美国政府在1981年发布的“91-57号咨询通告”《模型飞机运行标准》(Model Aircraft

Operating Standards)中指出的模型飞机在 05 - 01 号政策声明中并不适用，所以这一政策声明实际上为民用无人机的开发机构和运营机构提供了两个选择：一个是开发机构和运营机构可将其系统作为公共飞机使用，并申请批准特定飞机在特定飞行环境中按特定飞行参数运营的授权证书，每次授权期限不超过一年；另一个是开发机构和运营机构可按照《美国联邦法规》中规定的正常程序，为其飞机领取特殊适航证，在飞机运营时严格遵守《美国联邦法规》第 14 章第 9 部分中的所有空域法规，并由通过认证的飞行员操作飞机。

由以上可见，如果要在国家空域中操作无人机飞行，必须首先获得授权认证的许可，或取得按《美国联邦法规》第 14 章相关部分规定颁发的试验性适航证。严禁在未取得授权证书的情况下进行商业性质的飞行活动。

2007 年 2 月 13 日，FAA 意识到部分商业租用无人机系统在政策漏洞中进行无人机操作飞行，于是又发布了第二份政策声明，规定无人机必须在现有的授权证书和实验性飞机安排下进行飞行。

FAA 于 2016 年 8 月 31 日发布了针对商业无人飞机操作者的规章制度，其中规定有相关工作业务需求的飞行员应通过飞行测试，并取得认证。该机构近日表示，在 8 月 31 日到 12 月 9 日之间这三个多月，有超过 28 000 人提出成为专业无人机飞行员的申请，其中 22 959人获得资格证书。这意味着在过去三个月的美国，每个工作日都有 300 多人获得无人机操作者认证。

而经认证的无人机飞行员数量与 FAA 登记的无人机数量之比有所下降。截至 9 月，FAA 登记了超过 55 万的无人机，平均每天有 2000 架无人机登记。不借此牟利的业余无人机爱好者并不需要认证，但所有飞行重量超过半磅重的飞机都需要在 FAA 注册，这样的注册可以在线完成。

4.1.4　执法与制裁

制定了法规政策，当然需要机构对其进行执法和制裁。虽然 FAA 制定了有关无人机的政策声明，但其对具体的实施还需进一步地执行和监管。因为无人机是属于飞机的范畴，而且 FAA 对于能够在全国通航空域中飞行的所有飞机均具有监管权，所以 FAA 对于美国境内的无人机也有着执法权和监管权。

但是目前，很多无人机运营机构制造的无人机尺寸越来越小，且将其用于商业目的，在并无适航证或未由持有执照的飞行员控制飞机的情况下，倘若 FAA 欲对其进行打击，该适用哪些规定以及运用何种制裁措施并不是很清楚。再进一步，如果无人机操作员无意中使无人机系统靠近了载人飞机，距离近到载人飞机不得不采取规避动作，则可能会违反《美国联邦法规》第 14 章第 91.111 条的规定。在这种情况下，FAA 并无证书可撤销，因此，无法依据《美国法典》第 49 章第 44709(b)条的规定，通过正式的执法程序实施法定权力或监管权力。

截至目前，FAA 似乎并没有对任何无人机系统/遥控飞机操作员、飞行员、所有人、制造商或服务方采取过任何正式的执法行动。

4.1.5　无人机系统的未来管理条例

随着科学技术的发展，无人机产业必将越来越庞大，而对于美国这个科技大国，势必将针对无人机的管理条例进行丰富和改革。FAA 所面临的压力必将不断增大，这将促使其通过立法程序实行合理的运营标准和工程标准。

经上述分析，FAA 还需对民用无人机设立空域准入评估和批准标准，并对商用无人机系统的飞行活动进行定义，避免将商业无人机系统的飞行任务与模型飞机相混淆。

目前针对美国现有的法规政策，对于无人机系统的相关要求，有两个方法可采取，要么将《美国联邦法规》第 14 章中的每一部分与细节进行细化修改，对于现有已知无人机作出明确的规定；要么重新编写一篇专门针对无人机的标准，包括空域准入、飞行员资质、制造标准和适航性认证等所有相关事宜。

总之，在技术先进的美国，暂且对无人机系统都没有较成熟完整的法规条例，可见，在未来，要健全无人机系统相关的法规条例，还有很长的一段路要走，而且该体系还需适应无人机系统迅猛的发展速度。

4.2 无人机国际航空条例

早在 1919 年，航空和平会议委员会(Aeronautical Commission of the Peace Conference)就制定了《空中导航监管公约》(Convention for the Regulation of Aerial Navigation)，也称为《凡尔赛条约》(Versailles Treaty)。这项条约中规定，公海的空域自由度比其中水域自由度要低。在公约中，各缔约国均承认国家领土和领海上空空域的专属管辖权，但也同意在和平时期，只需遵守公约的其他规定，允许其他国家的民用航空器在不导致损害的情况下通过。各国仍然保留处于军事需要或国家安全利益考虑而设立禁飞区的权利。

这项条约可谓是国际航空条例的先驱。而目前针对无人机行业的迅速发展，世界各国也都开始对各自的航空条例进行修改完善，以适应目前飞速发展的无人机系统。

4.2.1 英国

英国民航局(CAA)在 2010 年首次制定英国空域无人机系统操作指引。英国民航局基于无人机用户的行为、对无人机的态度等对此前的操作指引作出了修改。英国空中导航服务提供商 NATS 的 Andrew Sage 表示：“无人机是一项不可思议、鼓舞人心的技术，但更重要的是人们应该安全地使用它们。由于无人机事故数量的不断增加，人们了解其法律责任及进行安全飞行也显得更加重要。人们在享受飞行乐趣的同时也应该确保其他用户不会处于危险之中。”由于考虑到近期无人机事故频发、无人机数量快速增加及民众对无人机规则意识模糊等现象，英国民航局已决定针对消费型无人机用户发布修订版操作指引。英国民航局表示，“Dronecode”规定是为了确保消费者能够更安全及合法地使用无人机。

英国民航局在“Dronecode”中提出了 5 点要求，分别是不能在机场附近使用无人机、无人机的飞行高度不能超过 400 ft(约 122 m)、离建筑物和人群的距离至少在 150 ft(约 46 m)、无人机飞行时不得离开操作人员视线范围、无人机不能靠近飞机。“Dronecode”获得了各大航空公司、无人机零售商和制造商以及英国交通部的支持。

4.2.2 日本

在 2015 年 12 月以前，日本对无人机的管理较为宽松，仅规定无人机的飞行高度需低于 150 米，至少距离机场 9 km，在农业生产中使用的无人驾驶飞机需要两个操作员。

2015 年 12 月，受到一系列无人机侵入事件的影响，日本政府修改法律，禁止无人机在人口密集的地区、机场附近、敏感地区、体育场等人口密集建筑上空飞行，另外，禁止无人机在夜间飞行。

日本东京大都会警察局为一些重要的场所配备了一种“捕猎”的无人机，可以用网兜直接捕获非法飞行的无人机。非法飞行的无人机驾驶员将面临 50 万日元的罚款(约合 29 000 元人民币)。

4.2.3 加拿大

随着无人机越来越受到大众的喜爱，加拿大交通部计划出台一部无人机新法规，从而加强对无人机的管理。加拿大交通部曾于 2015 年征集过公众的意见，他们表示将于 2016 年某个时候出台新的无人机管理法规。该法规将适用于 25 kg 以下的无人机，并要求无人机必须操作于视野范围之内。

根据新的规则，无人机操作员在正式操作无人机之前需要取得飞行证书并接受相关的训练。新规则还将确定无人机的标记与注册登记方式，并制定一些详细的飞行原则。

加拿大交通部的指南文件规定无人机禁止飞入森林火灾事发点、机场或者其他建筑物周围 9 km 以内，另外无人机的飞行高度不得超过 90 m，无人机不得飞过军事基地、监狱、人群或受限制的机场。目前的法规对消费型无人机与非消费型无人机的要求有所区别，倘若无人机飞行的目的是非消费型的，无人机的重量超过 25 kg，且无人机需飞离操作员的视野，那么在这些情况下无人机操作员都必须取得操作飞行的证书。而在其余情况下，倘若无人机操作员飞行 2.1 kg 至 25 kg 之间的无人机，只要无人机操作员已经达到了某些豁免的要求，那么他们在视野之外操作无人机则无须事先取得操作飞行证书。

北达科塔的飞行顾问 Doug Marshall 表示北美许多人都热衷于小型无人机的短距离飞行。Marhsall 还对 CTV 新闻频道说装备有摄像头的商用无人机通常被用于研究或监控以及航拍，过去几年无人机的受欢迎程度越来越高，逐渐引起了人们有关隐私的顾虑。“隐私往往是人们很大的顾忌，这种顾忌不单单发生在加拿大，同样发生在美国以及世界各国。”加拿大交通部表示他们将继续与加拿大个人隐私专员公署合作，确保无人机操作员遵守加拿大的隐私法。2013 年曾有一份报告就强调说随着更多的人开始购买使用无人机，人们需要更为关注并保障隐私。

交通部表示过去几年里无人机行业迅猛发展，2012 年该部门仅为无人机颁发过 345 例特殊飞行操作许可证，而 2014 年则颁发了 1672 例证书。交通部还表示无人机带来的安全问题也是鞭策他们出台新的无人机管理法规的因素之一。自 2010 年起，加拿大交通部已经对 50 起涉及无人机的事故进行了调查。Marshall 认为加拿大在无人机法规制定方面已经走在了北美的前沿，“加拿大很有可能将先于美国出台有关无人机的完善法规”。

4.2.4 俄罗斯

2010 年 3 月 11 日，俄罗斯联邦空中管理条例颁布。根据条例第 52 条，无人机使用必须提前提交申请，并且拿到相关许可。2016 年 1 月 2 日，有媒体报道称俄罗斯总统普京批准了无人机需注册的规定。根据该法律文件，俄罗斯所有 250 g 以上的私人拥有的无人机都必须向俄罗斯联邦航空运输署注册备案。这一新法律将于 2016 年 3 月末开始正式实施，拥有无人机的个人或者企业都必须有指定人选对无人机安全飞行负责任。同时该法律也要求 115 kg 以上的有人驾驶的飞行器进行义务注册。此外，已经注册的无人机使用者必须向地方上的空中交通管理部门提交飞行计划。与传统的飞机相同，一旦无人机的飞行计划被批准通过，无人机操作员则必须严格遵守计划进行飞行。当公众安全受到威胁时，无人机操作员有权利执行必要的紧急迫降。俄罗斯是一个空中管制很严的国家，要想使用无人机必须提前申请，航拍也是，但现实是一般个人和社会组织根本没有任何机会拿到该许可。2014 年，俄罗斯一家公司开发出一种无人机，可以携带 5 kg 的货物以时速 40 km 的速度飞行，该公司试图与快餐连锁店合作，保证在 30 min 内送货上门，业务不仅广受消费者的欢迎，还引起了全世界媒体的关注。但根据俄罗斯法律，该商用无人机被勒令禁止的同时，这家公司还被处以 50 万卢布的罚款。

相对于民用无人机的法律困境，俄罗斯的军队和政府部门却在大规模使用无人机，在俄罗斯内务部，已经有 12 个无人机飞行队伍，每个队伍由 5～8 台无人机组成，国防部甚至还设置了一个无人机特别培训中心，该中心在索契奥运会期间出色地完成了各种任务，移民局使用无人机在边境线进行非法移民的监控，联邦药物管理署用来检测毒品的跨境运输情况等。

4.2.5　新西兰

2015 年 7 月 23 日，新西兰运输部出台新规，规定自 2015 年 8 月 1 日起在新西兰，夜间及水平或垂直远距离使用无人飞行器需经新西兰民航管理局批准。

新规规定，无人飞行器只能在白天自由使用，同时不能飞出操控者肉眼视野范围之外，且不得超过 120 m 的垂直高度。如需在夜间或超出规定距离使用，必须获得民航管理局批准。另外，无人飞行器需为其他飞行器让路，不得在机场附近 4 km 范围内活动。关于审批所需时间，农户在偏远地区夜间操控无人飞行器从事农业活动，获批时间可能会短于城市商业活动。

新西兰民航管理局于 2015 年 8 月 23 日发表声明宣布新规出台，同时更新了其他相关规定，包括操控无人飞行器飞越私人土地或房产需要征得所有权方同意，飞越公园等公共空间也需征得土地所有权方允许，但已在新规定下获民航管理局批准的活动除外。

在新规出台前，无人飞行器相关事宜在新西兰主要受飞行器模型管理法规的约束。根据该项规定，在新西兰，使用重量低于 25 kg、符合相关机构标准制造的远程操控飞行器无需执照。

4.3　无人机的授权认证

4.3.1　美国无人机的授权认证过程

在美国，各个部门的无人机系统使用者都希望无人机使用国家空域系统能够常态化，以满足自身的需求。

随着无人机系统的发展，其带来的飞行中的某些不确定性安全因素也增多，美国联邦航空管理局于 2006 年 2 月作出了一项重要的决定，建立了无人机项目办公室(Unmanned Aircraft Program Office，UAPO)。

无人机项目办公室的职能是制定政策和调节关系，以确保无人机在国家空域系统内的安全运行，而该办公室是由 FAA 内有安全、管理、工程、空中交通服务等方面工作经验丰富的人员组成。

无人机项目办公室组建后的第一个任务就是制定一个全面的授权认证申请程序，用来确保联邦航空管理局能从公共无人机的倡议者那里获得足够的信息和数据。最初的授权认证申请是人工进行的，经过多次数据收集及修改，终于在 2007 年，无人机项目办公室的空中交通组织(Air Traffic Organization，ATO)建立了一套基于网络的授权认证申请系统，这极大地简化了无人机授权认证的时间以及相关工作人员的工作量。该网上授权认证申请系统所需信息如表 4.3.1 所示。

表 4.3.1　美国无人机项目办公室申请授权认证所需信息

项目	说　明
倡议者信息	明确申请组织及组织中的个人
联络人信息	明确联邦航空管理局和申请人之间的联络人员
操作说明	说明计划中的开始日期和结束日期，简要介绍总体方案的目的；说明飞行是否在关闭灯光的条件、目视飞行条件和/或仪表飞行条件下进行，是否日间和/或夜间飞行；明确飞行位置；说明飞行活动将要使用的空域类型；还应包括一份飞行摘要，列出申请程序未要求提供的其他信息
系统说明	对无人机、控制站和通信系统的说明；此方面信息通常通过附件提供，包括照片
经认证的技术标准规定	组件或其他系统信息
性能特点	爬升率、下降率、转弯速率、巡航速度、飞行高度、进场速度、起飞总重、发射/回收方式
适航性	联邦航空管理局颁发的型号合格证或带有官方组织信头的声明，说明倡议者已进行过验证无人机适航性的有关工作
程序	明确将用于链路丢失、通信中断和紧急情况的程序
航空电子/设备	列出应答机后缀，并明确无人机的设备中是否包括 GPS、移动地图指示器、跟踪能力、航站管制区域、空中防撞系统、应急定位发射机及应答机。此外，倡议者还应说明应答机具备的功能
灯光	说明该无人机灯光系统是否包括着陆灯、位置/航行灯、防撞灯和红外灯

续表

项目	说　明
频谱分析的批准	说明所使用的数据链和控制链路等的频谱分析是否已进行并获批，还要提供批准文件；另外说明在飞行中是否将使用《美国联邦法规》第47章第95条中所列的无线电控制频率
空中交通管制通信	说明所使用的双向语音功能是否是甚高频VHF、超高频UHF、高频HF发射器和接收器以及保护(应急)频率；此外，倡议者还应说明是否具备通过无人机直接联系飞行员、卫星通信或中继的即时双向通信能力
电子监视/探测功能	说明机载设备中是否包括光电/红外设备、地形探测装置、天气/结冰探测装置、雷达、电子探测系统等；如机上装有电子探测系统，在对系统进行描述之外，倡议者还应说明是否将进行雷达观测
飞机性能记录	说明是否可进行飞行数据记录、控制站记录、录音等
飞行操作区域/计划	可通过定义纬度/经度点或以单个纬度/经度点为中心、以海里为单位确定半径等方法，明确飞行操作区域面积。明确每个已定义区域的最低级最高高度以及无人机将要使用的最小和最大速度；此外，还必须提供一份标示出各个计划飞行区域的地图
机组人员资质	明确所有飞行员和观察员的联邦航空管理局或国防部同等部门认证情况：私人书面、私人认证、仪表、商业、空运、特训飞行员，并分别进行说明；如有机组成员为国防部认证/培训，应提供记录；说明所有机组成员的生理评定、描述其技术保持水平和值班时间限制；说明是否只操纵一架无人机并提供对如何控制无人机的说明。如果计划同时控制的无人机数量在一架以上，倡议者必须说明同时控制飞机的具体数量以及每个机组成员的航空生理评级(FAA或国防部同等部门评定)情况
特殊情况	可包括倡议者认为是重要的，但在本授权认证申请中尚未提供的信息或数据

在线填写完授权认证申请表后，系统会对其数据及信息进行审核，在确定所有信息填写完整后，会开始受理该申请，一般申请的审批时间为60天。

申请审批期间，FAA会对该申请上的所有信息及数据经过电话或其他途径证实，一旦FAA无人机项目办公室各部门一致认为将进行的无人机飞行可在国家空域系统中安全进行后，会发给申请机构授权证书。一般证书的有效期为一年时间，如果在超出有效期后还需要飞行，则需在系统中再次进行授权申请认证。

随着无人机数量的增加，FAA试图在寻找更有效的方法简化这一授权申请认证过程，从而减少工作量。

4.3.2　国际无人机标准化

在国际上，也存在一些协会或是机构，它们会制定一些标准或规则来规范无人机产业。在民用航空和经济发展的牵引下，国际无人机系统种类和数量均大幅增加，在发展民用航空、促进经济增长的同时，也引发了对安全融入各国空域系统、实现互联互通互操作、确定系统级最低性能要求等热点共性基础问题的思考。随着对上述问题的研究工作的不断深人，世界科技强国都逐步认识到通过标准化手段来落实安全管控、规范研制生产、引导科学运营的必要性和迫切性，并基于此成体系地开展了大量标准制定工作。

通常人们所熟知的国际无人机标准制定协会有4个，分别为：航空无线电技术委员会(RTCA)分技术委员会SC-203、美国材料与试验协会(ASTM)分技术委员会F-38、美国机动车工程师协会(SAE)无人机系统工作组AS-4、欧洲民用航空装备协会(EUROCAE)无人机系统工作组WG-731。

1. RTCA SC-203

RTCA SC-203成立于2004年10月，致力于研究无人机系统级、C3系统、感知和规避系统的最低性能标准，旨在确保联邦机构和商业机构在国家空域系统操作无人机系统的安全性、高效性和与其他有人/无人系统的兼容性。该分委会开展标准制定均以DO-264《基于数据通信的空中交通服务提供和使用许可指南》的系统方法为基础，包括系统操作、安全、性能、互操作等需求模型，目前已编制颁布3项标准。2007年3月发布DO-304《无人机系统指导手册与考虑》，规定了无人机系统关键定义和假设条件，综合考虑了有人驾驶飞机和无人机的协调性。2010年10月发布DO-320《无人机系统操作服务与环境定义》，规定了无人机系统操作功能和性能特征、空中交通管制服务、国家空域系统环境和程序基线以及DO-344《无人机系统操作、功能和安全性要求》。

2. ASTM F-38

ASTM F-38成立于2003年7月，下设3个分组，分别开展无人机系统适航设计、运行操作、人员认证3个专业领域的标准制定工作，覆盖系统设计、执行、质量一致性要求、安全监测、最低性能和系统成熟度要求、适航基线设计、产品验收试验和程序等内容。F-38致力于发展一个新概念，即"互补的成套标准"，用于实现单项标准不能实现的特殊目标。例如：针对小型无人机系统将形成4组标准，分别是小型无人机系统适航性标准、视距遥控操作标准、视距遥控飞行员训练标准、小型无人机系统操作手册，并与RTCA SC-203小型无人机系统《最佳惯例》文件等结合，共同产生支撑民用无人机系统飞行操作的专用适航认证、试验科目、公用授权证明、FAA规章认证的商务飞行器相关的民用程序文件。标准研究的重点方向包括：机载感知与规避系统设计规范与性能规范、微型无人机适航要求、无人机系统设计/制造/试验标准惯例、无人机系统运行操作手册、基于空域限制的无人机系统标准操作流程、无人机操作员训练和体验、无人机航空知识要求、无人机许可运营机构操作员认证训练要求、无人机操作员标准医疗要求等。

3. SAE AS-4

由于美国DOD联合无人系统架构工作组(JAUS WG)转移到SAE，SAE于2004年8月专门成立了AS-4工作组负责研究编制无人系统标准，研究对象涉及空中、地面、水面、水下的各类无人系统。最初工作组分为结构框架、网络环境、信息建模与定义、性能评估4个小组共同开展JAUS系列标准编制，目前已将前期4个小组合并为1个组，负责维护JAUS系列标准。JAUS系列标准并非针对整个无人系统的物理架构，而是基于组件的消息传输体系，规范了计算节点之间数据格式和通信方式，定义了信息和组件的独立于技术、计算机硬件、操作使用和平台等行为，从而实现各类无人系统，无人和有人系统之间的交互操作。目前已编制颁布8项标准，仍有8项标准在编，包括顶层域模型、传输规范、接口定义语言、核心服务集以及不同应用领域的特殊服务集标准。

4. EUROCAE WG－73

EUROCAE WG－73 成立于 2006 年 4 月，重点研究无人机系统的发展需求框架以支撑适航性认证、无间隙空域内的安全操作、空域交通管理框架及兼容性问题。截至目前，WG－73共确定了 6 份交付物，包含 31 个工作包。交付物 1《无人机系统操作概念相关要素》，提出了适航性认证和操作许可条目的初步清单。交付物 2《工作计划》，确认工作包和时间进度，指导 WG－73 未来工作及活动。交付物 3《无缝空域环境下无人机系统适航认证和操作许可》，由 4 册组成，辅助其国内无人机系统需求框架发展，范围涉及通用规则、安全、无线电频谱要求、操作许可和适航认证及维护，其中有一册针对小于 150 kg 视距操作的轻型无人机系统。交付物 4《无人机系统指挥、控制和通信系统》，定义包括自主操作在内的通信、指挥与控制需求，与 RTCA SC－203 合作。交付物 5《无人机系统感知与规避系统》，定义与分隔保证和碰撞规避相关的无人机系统需求，与 RTCA SC－203 合作。交付物 6《无人机系统空中交通管制兼容性问题》，侧重研究无人机系统常规和非常规操作对空中交通管制提出的特殊考虑及辅助空中交通管制兼容性研发的潜在解决方案。

4.4 我国无人机相关法规条例及授权认证

4.4.1 我国无人机相关法规条例

虽然我国无人机的发展起步晚，但速度快。近几年，无人机产业的发展更是如火如荼，随之而来的无人机引发的安全隐患使我国逐渐开始加强无人机的规范与管控。

2003 年 5 月 1 日，我国开始施行《通用航空飞行管制条例》，明确规定无人机用于民用业务飞行时，需当做通用航空飞机对待。从 2005 年开始，按民航部门的要求，无人机都必须加装空管应答机，并具备防撞功能。

2009 年 6 月 4 日，中国民用航空局航空器适航审定司发布《关于民用无人机管理有关问题的暂行规定》(ALD2009022)，并于 2009 年 7 月 9 日，发布《民用无人机适航管理工作会议纪要》，解决无人机的适航管理问题。

2009 年 6 月 26 日，中国民用航空局空中交通管理局和中国民用航空局空管行业管理办公室发布《民用无人机空中交通管理办法》(MD－TM－2009－002)，主要解决无人机的空域管理问题。

2013 年 11 月 18 日，中国民用航空局飞行标准司发布《民用无人驾驶航空器系统驾驶员管理暂行规定》(AC－61－FS－2013－20)，主要解决无人机的驾驶员资质管理，并且规定重量≤7 kg 的微型无人机，飞行范围在目视视距内半径 500 m、相对高度低于 120 m 范围内，无需证照管理，但应尽可能避免遥控飞机进入过高空域；重量等指标高于上述标准的以及飞入复杂空域内的无人机，驾驶员需纳入行业协会甚至民航局的监管。

2014 年 4 月 29 日，中国民用航空局下发《关于民用无人驾驶航空器系统驾驶员资质管理有关问题的通知》(民航发【2014】27 号)，有效期至 2015 年 4 月 30 日。民航局规定，无人机驾驶员资质及训练质量管理由中国航空器拥有者及驾驶员协会(中国 AOPA)负责，这也是我国首次对无人机驾驶员的资质培训提出要求，这意味着我国迈出了无人机正规化管理第一步。

2012年以来，工信部已经就无人机企业的准入问题启动了《民用无人机研制单位基本条件及评价方法》的研究。此研究由中国航空综合技术研究所牵头，旨在通过对民用无人机研制单位基本条件进行评价，规范民用无人机制造业市场竞争秩序，侧面引导行业基本资源与能力需求，引导资源配置、技术研究与管理水平的发展方向，促进国内民用无人机产业的健康快速发展。

2014年7月出台的《低空空域使用管理规定(试行)》(征求意见稿）主要针对民用无人机，将包括无人机飞行计划如何申报，申报应具备哪些条件以及在哪些空域里可以飞行等。无人机的飞行不存在航线一说，只是划设一块区域，让无人机在区域内作业。这意味着民用无人机飞行合法化向前迈进了一步，对打开无人机市场有着重要意义。

2015年12月29日，中国民航局出台《轻小无人机运行规定(试行)》，这是继《轻小型民用无人机系统运行暂行规定》(征求意见稿)之后的正式规定，在此前的意见稿基础上稍作变动。该规定以大数据和“互联网+”为依托，对低、慢、小无人机运行实施放管结合的细化分类管理，以进一步维护轻小型无人机的飞行秩序，确保运行安全。该规定明确了民用无人机的定义和分类，引入了无人机云的数据化管理，并分别在无人机驾驶员的操作资质、无人机的飞行空域等方面提出了运行管理要求。根据该规定，空机重量小于等于116 kg、起飞全重不大于150 kg的无人机，起飞全重不超过5700 kg、距受药面高度不超过15 m的植保类无人机，充气体积在4600 m^3 以下的无人飞艇，使用了自动驾驶仪、指令与控制数据链路或自主飞行设备的航空模型全部纳入民航监管范围。该规定将民用无人机划分为7类：空机重量和起飞全重小于1.5 kg的为Ⅰ类无人机；空机重量介于1.5 ～4 kg之间、起飞全重介于1.5 ～7 kg之间的为Ⅱ类无人机；空机重量介于4 ～15 kg之间、起飞全重介于7～25 kg之间为Ⅲ类无人机；空机重量介于15 ～116 kg之间、起飞全重介于25 ～150 kg之间的为Ⅳ类无人机；植保类无人机为Ⅴ类无人机；无人飞艇为Ⅵ类无人机；可100 m之外超视距运行的Ⅰ、Ⅱ类无人机为Ⅶ类无人机。其中，Ⅰ类无人机只需使用人确保安全，可不受该规定管理。该规定还明确，民用无人机驾驶员必须具备相应民用无人机等级的驾驶执照，不得酒驾，不得在受到任何药物影响及其工作能力对飞行安全造成影响的情况下驾驶无人机。民用无人机机长对无人机的运行直接负责，应做好飞行前准备工作，避免无人机运行时进入限制区域，并具有最终决定权。该规定还强调，无论在视距内运行，还是在视距外运行，各类民用无人机必须将航路优先权让与其他民用航空器，不能危害到空域的其他使用者、地面上人身财产安全。为避免民用无人机误闯误入，对民用无人机进行数据化管理，《运行规定》要求，Ⅲ、Ⅳ、Ⅵ和Ⅶ类无人机及在重点地区和机场净空区以下运行的Ⅱ类和Ⅴ类无人机应安装并使用电子围栏、接入无人机云，定时反馈行为信息给无人机云。其中，Ⅲ、Ⅳ、Ⅵ和Ⅶ类的民用无人机在人口稠密区和非人口稠密区报告频率分别为最少每秒一次、最少每30 s一次；对于重点地区和机场净空区以下使用的Ⅱ类和Ⅴ类的民用无人机，报告频率为最少每分钟一次。同时，无人机云提供商必须每6个月向民航行政管理部门提交无人机发展与安全情况报告。例如大疆会在其可飞行地图中用蓝色标识出机场所在，在军用和民用机场、敏感设施等周边，具有卫星导航功能的大疆无人机是无法起飞的。此外，该规定还专门对植保无人机和无人飞艇提出了运行要求。

2017年4月14日至4月27日，在双流机场接连发生8起无人机扰航事件，中央领导高度重视。紧接着，在5月17日，民航局正式下发《民用无人驾驶航空器实名制登记管理规定》，要求自 6 月 1 日起，民用无人机的拥有者必须实名登记。社会各界对此争议颇大，而在具体实施过程中也遇到了一系列问题。

由此可见，在我国，按照现行的相关法规，将一架遥控无人飞行器飞上天，涉及的手续是很多的。而随着无人机产业的迅速发展，我国的无人机相关法规也会越来越完善，越来越健全，图 4.4.1 为我国民用无人机驾驶员合格证。

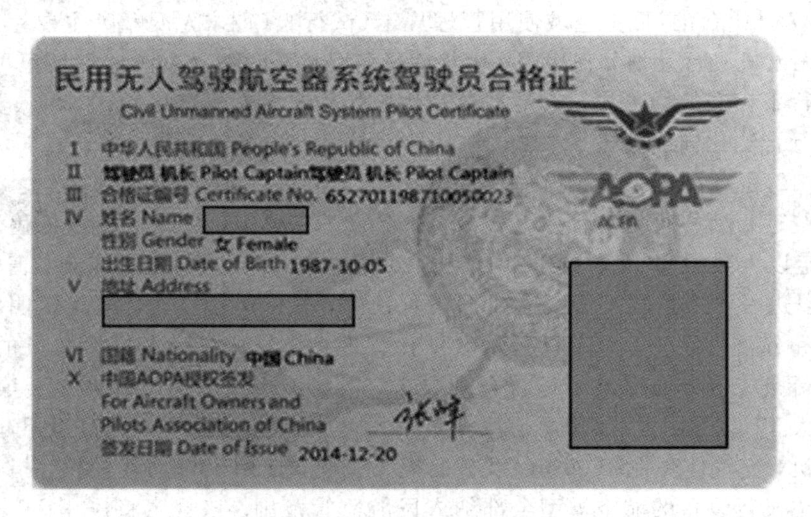

图 4.4.1　民用无人机驾驶员合格证

4.4.2　我国无人机授权认证

CCC 认证也就是 3C 认证，是中国强制性产品认证的简称，对产品实施的强制性产品认证的统一规定，CCC 认证关系到人类健康安全和动植物生命安全和健康，是对涉及环境保护和公共安全的产品实行统一的强制性产品认证制度，CCC 认证是一个先进的标志，有着不可替代的重要性，是为保护广大消费者人身和动植物生命安全，保护环境，保护国家安全，依照法律实施的一种产品合格评定制度。

无人机当然也需要 CCC 认证，其需要具备的要求有两点：

（1）《强制性产品认证管理规定》第 13 条规定：《目录》中产品的生产者、销售者和进口商可以作为申请人，向指定认证机构提出《目录》中产品认证申请。

（2）申请人也可委托国家认监委注册的强制性产品认证代理申请机构代为申请。

无人机取得 CCC 认证申请的流程如图 4.2 所示。

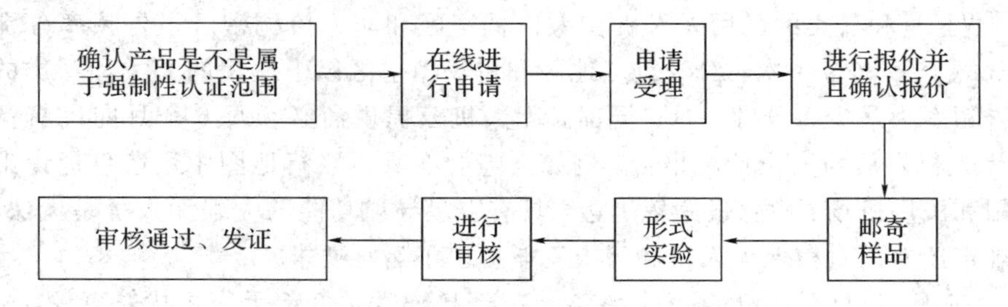

图 4.2　无人机取得 CCC 认证申请的流程图

若进行无人机 CCC 认证，还需要一些技术文件，包括申请人的证明文件、申请者公司信息表、产品的电气原理图和线路图、关键元器件和主要原材料清单、其他申请人需要说明的文件。申请人为销售者、进口商时，应当向指定认证机构同时提交销售者和生产者或者进口商和生产者订立的相关合同副本；申请人委托他人申请《目录》中产品认证的，应当与受委托人订立认证、检测、检查和跟踪检查等事项的合同，受委托人应当同时向指定认证机构提交委托书、委托合同的副本和其他相关合同的副本。

CCC 认证标志是产品进入到市场的通行证，是安全的防火墙，是一种对产品的合格评定，只有有了这个评定的标志，消费者才能对自己使用的产品感到放心，对大多数消费者来说，CCC 认证标志是一个防伪标志，没有 3C 认证标志的，肯定是未进行相关验证和认证，没有安全保障。

第 5 章　无人机系统的应用

5.1　无人机系统的基本应用

5.1.1　概述

无人机的应用早期是在军用方面完成 4D 任务的，这在第一章中介绍过，就是非常枯燥(Dull)、恶劣(Dirty)、危险(Dangerous)、纵深(Deep)的任务，虽然现在无人机系统发展迅速，其应用早已经超出此范围，但这一说法仍然正确。

现代无人机已经发掘出了更多更广的应用，一般可将无人机应用分为军事和民用两方面。军事方面无人机的应用比较早，种类也比较多，但是随着近几年技术的发展，民用无人机也开始成为热门。只是民用无人机在应用时，要考虑的因素比军用方面的更多一些，对于操控者也有着更多的要求。

民用无人机之所以比军用无人机发展得慢，主要有两个原因。

一个原因是无人机在空域系统中飞行，需要受一系列法律条规的限制，最主要是在飞行过程中要避免由于无人机的失效给人身、财产和动物带来损害，还要避免无人机与其他飞行器碰撞带来的损害。

为了避免上述损害，一些机构和组织提出了希望有一种方法可以使无人机感知另一架飞机的存在，并且能够采取措施避免与其发生碰撞。这一技术难题虽然已经有了重大突破，但是整个系统的花费较大，基于此经济因素，很多无人机对该技术的应用十分有限。

另一个原因就是无人机系统的保障费用过高，这也限制了无人机在民用方面的发展。军用无人机的使用特点是无人机用户数量小但无人机系统数量大，这在后期维护时，会更方便且更经济。而民用无人机通常是个人拥有且分散在世界各地，他们所拥有的无人机系统一般是一两套，其后期保障与军用无人机相比，难度系数增大且费用高。

无人机系统保障问题的解决，有望在无人机制造商中进行。我们期望无人机制造商不仅仅是将无人机系统交付到用户手中就结束服务，而且能够继续给予后期的技术支持以及维护。这就要求无人机制造商有大规模的体系且遍布世界各地，能够对用户手中的无人机及时维护更新，或是在零部件受损后，能够得到及时的更换。无人机制造商功能的扩展及后续体系的完善有望达到现在手机维护的水平，那么无人机在民间的使用将会变得更加普及。

上述两个原因是无人机系统的应用在民用方面远远落后于军用方面的关键所在。而近几年，无人机的种类也随着技术的发展不断增加，无人机制造商研究出了不同的无人机执行不同的任务来发挥自身的最大优势。比如报道最多的长航时侦察无人机，通常采用水平起飞的方式。这些无人机可以执行远距离任务，且在战场上可进行中高空飞行侦察，像前面章节中介绍过的“捕食者”、“全球鹰”等无人机均属于这一类。它们不仅可以远距离长时间航行，还会在无人机上携带武器，这样，一旦发现敌方目标，可随时进行攻击，不必将信号发送回控制台，呼叫地面部队或是其他攻击机来进行攻击，从而避免了战机的贻误。该类无人机一般造价较高，而且通常携带的载荷也昂贵，由复杂的通信中心进行控制，所以在执行任务时，需要从远离战场的机场起飞，而且控制中心最好也远离战区，通常也是在安全的情况下使用，不会作为消耗型设备。

另外，还有一种微型无人机已经投入使用，如“沙漠鹰”固定翼无人机，这类无人机由于其体积小，所以容易受到气流、风向等因素的影响，但是该类无人机体积小、价格低廉、易于机动的特点使其在前线战场上发挥了不小的作用。

垂直起降无人机是近几年使用的热门，尤其是旋翼类无人机，主要应用在飞行速度和高度都比较低的场合。旋翼类无人机的应用还有待更多的开发和研究，有望取得更大的进步和发展。

5.1.2　以网络为中心的应用

无人机系统在应用中，尤其是军用系统中，不是一个单独的系统，而是需要与其他系统的信息进行互通而使用的。比如通过卫星、其他无人机系统、有人飞机、海军舰艇、地面系统等使无人机系统接收或发送来自其他系统的信息。

有时，无人机系统还会是一套系统的信息提供者。比如一个高空长航时无人机系统，可能是网络的主要信息提供者，使用空基系统构成侦察监视网络，如图 5.1.1 所示。

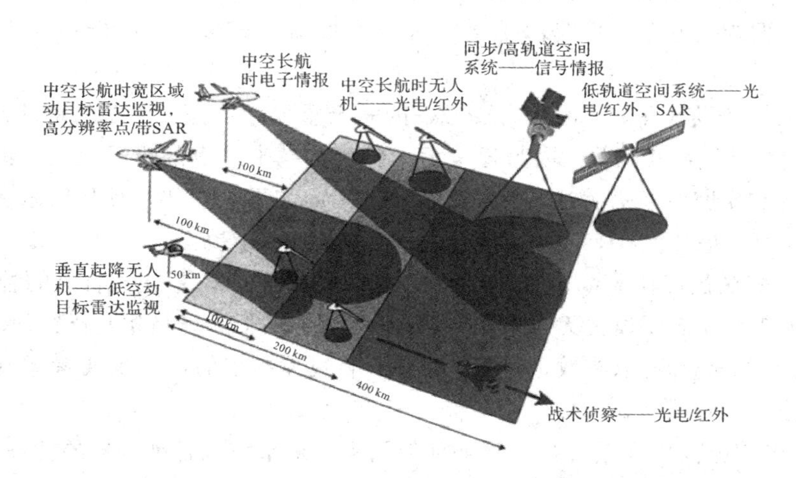

图 5.1.1　侦察监视网络

当然，网络可以有很多种，包括天、海洋、陆基系统，覆盖的任务也是多种多样，如侦察、监视、支持、防卫以及攻击等，这些系统还可以通过网络进行协同。

无人机系统网络的互通性需要朝着以下几个方面发展：

（1）系统间必须通过多条链路进行通信，以确保安全可靠；

（2）系统间的关键接口是标准化的；

（3）无人机系统与操控者之间的交互界面必须是自适应的、友好的；

（4）无线电射频带宽要统筹。

基于网络的无人机系统也存在缺点，就是如果网络故障，可能整个系统都会随之瘫痪。例如在军事上，对手破坏其网络，即使有限的系统破坏，都有可能导致整个系统受到影响。所以我们在无人机系统设计时，都应考虑“无网络状态”下的操控方法，即使牺牲效能，也应首先保证系统的安全和正常运转。

5.1.3　与有人机和其他无人机系统编队

无人机系统与有人机或其他无人机系统编队是个双赢的方式，编队后可构造出一个“系统中的系统”，或者成为一个大型网络中心系统的组成部分，再加上一些本地系统，构成一个更大的网络应用系统。

5.2　海上无人机应用

无人机在海军中的应用主要有 3 种不同的平台，分别是舰载应用、岸基近海应用、内陆机场支持的远程应用。

不同的平台根据其需要完成的各种不同的任务，通常会选择不同型号、种类的无人机。比如在海上执行一些低空飞行的侦察任务，那么空气中的含盐量会比较大，无人机必须采取相应的防腐蚀措施，或者提供冲洗飞机的设备、设施。

一般无人机在海上飞行时，海拔会较低并且空气比较凉爽，所以海军无人机对大功率和冷却系统的要求会较低，但是海上大风天气和扰流会较多，这在选择无人机时都需要考虑。

海军无人机在设计和应用时还需要考虑的一个重要问题是，在出现意外情况时，怎样能够紧急迫降，从而减小损失，因为通常无人机都会携带昂贵的机载设备。还有就是海军无人机在设计和研究时还需关注其体积的大小，因为如果在舰船上使用，通常空间会比较狭小，那么就要考虑如何在有限的空间放置无人机及其保障设备。

海军无人机在执行任务的过程中，通常还要求其通信系统与舰船上的控制室保持通信，所以在舰船上还需要设置无人机相应的控制室，这样，无论是相互传输信息，还是对无人机发送控制指令，都可以有效地进行。当然，舰载控制室的设计也要考虑到海上盐雾腐蚀性强等特点。

20 世纪 60 年代，海军就开始探讨如何使用无人机来完成各种各样的任务。当时，美国海军的旋翼型无人直升机 DASH 开始投入使用，它的任务是从小型海军舰只上携带水雷，然后投放到声呐系统指示有敌方潜艇出现的区域。但是这次尝试的结果并不尽如人意，多架无人机在执行任务中坠入海中。其原因有很多种，不排除电磁干扰、地平线外失控等因素。之后，美国海军又尝试采用固定翼无人机，但是固定翼无人机在舰船上的发射和回收问题很不好实现。

英美海军的舰载无人机还使用过波音公司生产的固定翼无人机“扫描鹰”，并且取得了些成功，该款无人机主要采取的是弹射发射和天钩回收的方式，如图 5.2.1 所示。

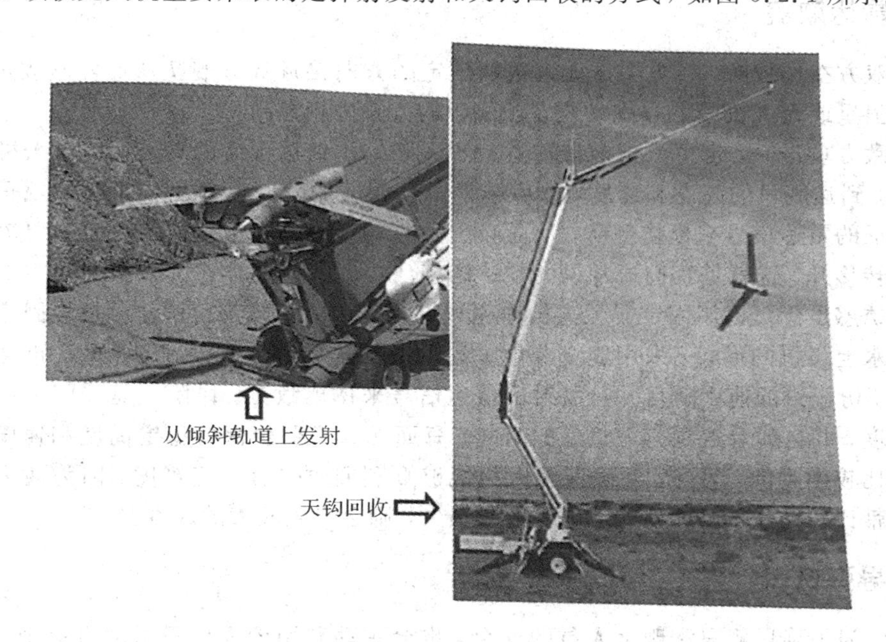

图 5.2.1　“扫描鹰”的发射与回收

虽然解决了“扫描鹰”无人机的发射与回收方式，但在实际应用中还存在一些问题。比如在回收时，为了确保无人机对上天钩，需要无人机飞得慢一些，所以飞机只能设计成低载荷机翼和大展弦比形式，而这又致使无人机的抗强风和抗扰流能力降低，并且它的发射和回收装置还要确保能够安装在舰船上。这款无人机的最大起飞重量不到 20 kg，限制了它的承载任务载荷的能力，所以“扫描鹰”无人机的应用还需进一步提高。

到了 20 世纪 80 年代，英国海军对“小精灵”垂直起降无人机系统的使用有了很大的成功。

2011 年以来，我国海军也陆续开始配备舰载无人机。中国海军和中国海岸警卫队先后引进了奥地利产 S－100 和瑞典赛博公司的 APID－60 舰载无人机。此外，中国海军还装备了 ASN－206 无人机、Z－5 无人直升机和某型先进无人直升机，可完成反电子侦察、空中中继通信、大报量传递、特勤处置等多个任务。

5.2.1　舰队发现与跟踪

战时，前期的侦察可由卫星完成，但后续的侦察就需要其他设备辅助了，很多国家配备了中空长航时无人机来进行中空侦察任务。这些无人机在执行任务时，可携带被动侦察传感器来隐身，还可携带雷达穿透云层进行侦察。通常由机场控制站来控制无人机，而无人机获取的侦察信息可直接向海军总部报告。

如果在作战时，还可以在舰上的隐蔽地方发射无人机去尾随敌方，从而利用被动传感器去截获其电子信息传回到母舰上。这种情况通常会选择中程垂直起降无人机，它比固定翼无人机更隐蔽并且更加利于尾随在敌舰后方。

5.2.2 雷达欺骗

通常双方在作战时，一方会派无人机从预定的方向接近敌方舰队从而实施攻击，这时可以采用卫星或无人机中继方式又或者预编程的方式进行控制。

而被敌方攻击时，也可派出携带雷达的无人机，在到达预定的地点后，无人机降低高度和速度，到达舰只的高度和速度，然后选择一个合适的时间发射出代表各种舰只或者舰只组合特征的雷达信号来模仿舰队，从而吸引敌方的注意力，将敌方的火力从要攻击的真正目标上转移开，这就是我们通常说的雷达诱惑。

雷达诱惑虽然可以用固定翼无人机来完成，但存在一些风险。其过程是将固定翼无人机伪装成水上飞机的形式，采用舰上弹射发射的方式，当到达预定目的地后，再降低高度和速度，模仿舰只的速度航行并且发射出雷达信号来诱惑敌方。风险就是在海上起飞方式有一定难度，并且如果遇到风大浪急的天气，海面无人机要想保持稳定高度和速度模仿舰只飞行是比较困难的。另外，要确保无人机能够顺利回收也有一定难度，因为通常这些无人机会携带比较昂贵的任务载荷，如果轻易损失，则会产生较大的成本。

5.2.3 导弹诱饵

有时，为了确保舰只和舰上人员的安全，也会主动利用无人机吸引敌方火力。通常过程是无人机携带合适的任务载荷，飞行到预定位置后通过发射敌方反舰导弹容易检测到的信号来吸引敌方导弹攻击，从而保证舰只及舰上人员的安全。虽然这会损失一定数量的无人机，但相对而言，这种损失是值得的。

在海湾战争中，驻扎在沙特境内的美国空军第 4468 战术侦察大队共向伊拉克目标发射了 38 架 BQM－74C 型无人诱饵靶机，如图 5.2.2 所示。这些无人机诱使伊拉克防空导弹雷达开机，随后的 F－4G“野鼬鼠”发射 AGM－88“哈姆”(HARM)反辐射导弹实施摧毁。美国空军和海军同时使用的还有更为小型的 ADM－141 战术空射无人机诱饵(TALD)，如图 5.2.3 所示。一方面这种无人机诱饵可以对伊军雷达系统实施欺骗式干扰以为己方攻击机提供掩护，一方面可为攻击伊军雷达系统的反辐射导弹提供目标参数。

图 5.2.2　BQM－47C 型无人诱饵靶机

图 5.2.3　ADM－141 战术空射无人机诱饵(TALD)

5.2.4　反潜战

用于检测下潜状态的潜艇的方法通常有 3 种，即主动声呐、被动声呐和地磁异常检测(MAD)。这 3 种方法相互之间并不排斥，有时也会一起使用。

(1) 主动声呐的方法是从海面上方悬停的飞机上放一个浮标到水下一定的深度，浮标可以发出能在水中传输的声波信号，声波信号遇到物体后会反射回来，可以根据返回的信号得出反射体相对于飞机的距离以及方位，从而计算出潜艇的地理位置坐标。这时就可以采用深水炸弹或是鱼雷等方式对其进行攻击，其应用如图 5.2.4 所示。

图 5.2.4　主动声呐在反潜战中的应用

一般在这种情况中，如果使用大型直升机，那么会产生很强的气压波作用到海面，这样很容易被潜艇检测到直升机的存在，从而发射反直升机导弹对其进行攻击。当前某些潜艇便可根据转子噪声和发动机排除的热量检测到直升机并进行自寻的导弹攻击。如果采用无人机下放浮标，相比有人直升机，无人机更不容易被检测到，或者可以利用另外一架无人机通过发射高功率模拟噪声来诱惑反直升机导弹，而一旦潜艇发射反直升机导弹，其位置会更容易暴露，对其进行攻击会更加容易。

(2) 被动声呐的方法是飞机放下的浮标只用于收集来自潜艇系统和尾桨的噪声。将无人机携带浮标收集的数据传输到其他无人机或舰船上，再通过分析这些数据确定水下有无潜艇或其位置。在该方法中，一架无人机可携带多个浮标，也可通过多架无人机投放浮标，无人机的优点是体积小、重量轻而且相比有人直升机成本更低。

(3) 地磁异常检测器是一种能够检测出被检测对象对地磁场的影响的装置。现在由于这项装置的重量大大降低了，所以可使用无人机对其拖拽使用，当然这对无人机的起飞重量也会有一定要求，通常是不大于 300 kg。无人机如果从海面舰艇上起飞，可以更加容易、精确地停留在目标海面的上空。

5.2.5　无线电中继

通常在作战过程中所使用的通信系统中继是卫星中继或电离层反射，但在海面上，舰只之间的安全通信会受到海平面的限制，而且卫星通信中继或电离层反射可能会有通信安全及容量的问题，这时可通过无人机中继来解决这一问题。

可在无人机中安装转发系统，在海面上发射该无人机作为通信中继。当然，这对无人机的飞行高度和稳定性有一定的要求，同时，中继无人机的飞行高度对舰只之间的通信距离也有一定影响。如果想要扩展舰只之间的通信距离，也可由多个中继无人机进行通信来实现。图 5.2.5 是一种无人机中继网络。

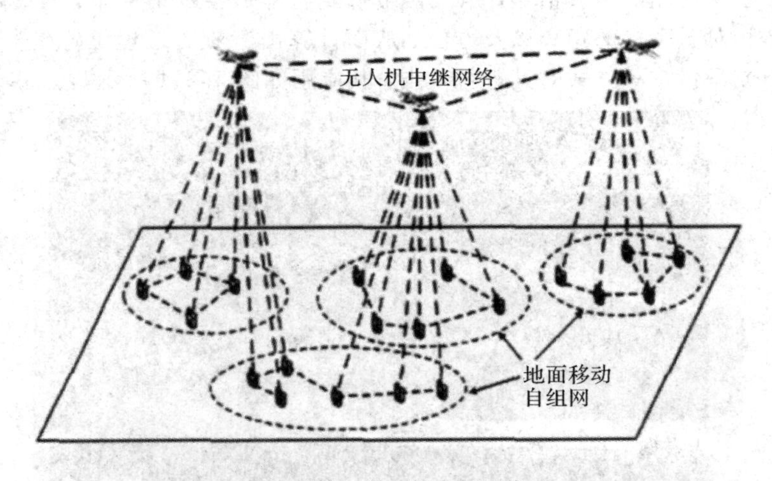

图 5.2.5　无人机中继网络

5.2.6　港口保护

港口对于海上舰只是非常重要的，如果港口设施受到破坏，将会对海上舰队的后勤保障造成致命的影响，所以对港口的安全预警采取多种措施是不可避免的。如果建设以港口为基地的无人机系统，这将会对来自陆地和海上的攻击进行提前预警，从而对这些即将到来的攻击做好防护和反击措施，有效地避免港口遭到重创。

5.2.7　滩头侦察

当舰队决定登陆而又看不到预计要登陆的滩头时，可派遣具有隐身功能的无人机进行侦察。之所以要具有隐身功能，是避免惊动敌方对登陆行动进行反击，所以无人机的这一特点非常重要。执行滩头侦察的无人机可通过光电/热成像探测系统进行隐蔽侦察，并且计算出正确的登陆地点。

5.2.8　渔业保护

渔业保护的任务是防止在受保护区内发生非法捕捞的情况，这项任务通常是通过海警舰只在保护区内巡航来完成的。这项任务比较繁重而且通常不易执行，因为在保护区内确认一艘船只是否进行非法捕捞需要有足够的证据，而那些在保护区内逗留但并没有进行捕捞的船只是不违法的，所以要判断其是否进行非法捕捞有一定的难度。这主要因为在海面上，一些渔船在看到巡航船的桅杆时就收网，等到巡航船赶来检查时，他们已经完成了收网的过程，执法人员又不能随意登船检查，所以很难对非法捕捞的船只进行执法。

如果在执行任务的巡航船上配备无人机系统，利用无人机对非法捕捞的船只进行取证，那将会实现事半功倍的效果。首先，该无人机系统中的一架或多架无人机都需要具有隐身的功能，这样可以有效避免惊扰非法捕捞船只的船员；然后，这些隐身无人机可通过配备的被动传感器接近可疑船只，再对其非法捕捞的过程进行影像记录，并且将这些信息传回到巡航船上，执法人员便可以根据这些影像对相应的非法捕捞船只进行执法。垂直起降的无人机可以有效地完成这一任务，它们不但能记录下非法捕捞船只进行捕鱼活动的时间和地点，甚至还能清楚地拍下渔船的名字以及注册的港口。

利用无人机进行渔业保护的优点是大大提高了禁止非法捕捞的效率，也大大减少了执法船只的工作量。这样，巡航船不仅单位时间内的作业效率得到极大提升，而且海上的巡航总时间也极大减少。所以各国都相继开始使用无人机拍摄非法捕捞过程，图 5.2.6 所示为韩国海军利用无人机取证非法捕捞过程后，采取执法行动的图片。

图 5.2.6　韩国海军对非法捕捞者执法

2016 年 1 月，墨西哥政府授予海洋守护协会监督加利福尼亚湾的刺网使用的权利，为了震慑偷猎者的行为和保留证据，海洋守护协会部署了带有摄像头的“捕食者”无人机拍摄整个违法捕捞的过程。一段时间以来，海洋守护协会已经没收了 40 张刺网，拯救了无数小头鼠海豚、石首鱼、鲸鱼、鲨鱼、海豚和其他海洋野生动物。图 5.2.7 所示为无人机拍摄的非法捕捞过程。

图 5.2.7 “捕食者”无人机拍摄的非法捕捞图片

5.2.9 缉私

海关走私也是一项各国严加管控的行为，通常走私人员会不在指定的海关港口上岸，而去其他地方登陆。如果采用无人机对海岸线实施检测，会大大提高缉私的效率。由于该项任务需要持续监视观察，所以通常会选择中空长航时无人机，并且具有隐身慢速的特点，因为这样可以有效避免惊动罪犯。一旦发现可疑情况，无人机可将情况报告给海关和执法机构，海关与执法人员收到信息后可到可疑地段进行巡逻执法。另外，无人机在执法地点上空还可以引导执法人员靠近犯罪地点。图 5.2.8 所示是我国广东无人机在执行缉私任务。

图 5.2.8 执行缉私任务的无人机

5.2.10 电子情报

在作战过程中，搜索敌方的电子信号是一项必要而又耗时的任务，而且该项任务中搜集电子信号成功的概率并不大。如果采用无人机来完成此项任务，则会大大提升工作效率。这类无人机通常要求携带的任务载荷是高灵敏的无线电接收装置，这款装置能够在宽频带范围内扫描并且记录及转发数据到控制站或其他解读站。为了预防无人机损坏落入敌方区域而泄露信息的情况，无人机通常还要有自毁装置，一旦失事，自行毁掉一切数据。

执行电子情报收集的任务在海、陆、空三军中都是不可避免的，但是在使用过程中可以根据各自任务的特点选择不同类别、不同活动范围、不同无线电频率范围的无人机。空军在应用无人机完成电子情报侦察任务时会更加复杂，这将在下节对其进行讨论。海军、空军通常选择远程长航时无人机，而陆军一般情况下选择中程无人机系统已经足够。

图 5.2.9 所示是美军研发的可远程搜集情报的隐形无人机。

图 5.2.9　美军研发的可远程搜集情报的隐形无人机

5.2.11　海上监视

在海面上执行长时间的监视任务，通常需要中空或高空长航时无人机，并且要携带光电、红外成像、雷达等设备来完成任务。美国海军的洛克希德公司制造的 P－3 飞机及英国海军的“猎人”飞机都是执行海上监视任务的，但它们均是有人机。各国陆续有利用无人机完成这一任务的发展趋势，美国海军的 RQ－4N“全球鹰”无人机系统便可执行该任务。图 5.2.10 所示为正在执行海上侦察任务的美国海军 MQ－4C 无人机。

图 5.2.10　美国海军 MQ－4C 无人机在执行海上侦察任务

海军除了以上任务，还有其他各种任务，本书不再一一列举，其中很多的任务如果采用无人机来完成，那么将会更有效、更可靠、更经济。目前无人机系统还需要进一步的发展，为适应各种不同特点的任务，各国以及各无人机制造商也会陆续研究及制造出各种不同特点的无人机。

5.3　陆地无人机应用

陆军在海、陆、空三军中通常具有重要的作用，陆军的任务相对来说更复杂、更多样、更不可预测。陆军无人机系统的要求也会更加全面一些，而陆军无人机的发展也较其他军种更早一些。

陆军的作战任务遇到极端环境的可能性会更大一些，比如极地冰雪、热带丛林、高山，甚至还有天气的影响，如沙尘暴、雾霾等。而且陆军由于战区转移的特点，要求其无人机系统的机动性更强。

5.3.1　隐蔽侦察监视

陆军的侦察监视任务主要是发现当下和短期内存在的威胁，一般范围限于中、短距离内。通常陆军的侦察监视活动是隐蔽的，以免惊扰到敌军而被发现。完成这一项任务的无人机通常采用弹射的发射方式，或是垂直起降的无人机，深入或靠近敌军部队进行侦察监视。

隐蔽侦察的一个主要任务是确定敌人的分布位置和运动范围，另外还包括侦察敌对力量向友好区域渗透的情况。之前，此项任务主要是由先遣分队来完成的，他们通过靠近敌方战区进行侦察，并把相关情况报告给总部，但是由于活动范围有限，他们的机动性较差，且侦察视野也有限，对于较大区域的侦察，不能及时很好地完成任务。现在，已经陆续有国家陆军部队采用无人机来完成此项任务。美国及一些国家陆军部队采用的是手抛型微型无人机系统，型号为“陨石”B，如图 5.3.1 所示，还有“沙漠鹰”无人机，如图 5.3.2 所示。

图 5.3.1　“陨石”B 无人机

图 5.3.2　“沙漠鹰”无人机

除了上述无人机，还有一些其他形式的无人机可以完成此项任务，例如近程弹射固定翼无人机，型号为“月神”和“麻雀”，它们的起飞重量范围在 40～45 kg，具有较大的翼载荷载，范围通常在 20～40 kg/m^2，一般飞行范围在 50 km 内，并且可在气候中等的条件下使用。与其相比，垂直起降无人机的重量与其相似，并且具有相同的作用范围，但是它可以在气候条件更差的情况下使用，而且隐蔽性比固定翼无人机好。

此外，垂直起降无人机可以在目标上空大约 60 m 处悬停，并将侦察传感器对准目标，还可将目标图像放大观察。而固定翼无人机很难悬空停留，它可能会需要沿一定的轨迹低速飞行，从而寻找目标并对目标进行侦察。因此固定翼无人机在飞行的过程中很可能会将侦察目标丢失，固定翼无人机另外一个缺点是在飞行的过程中有可能会沿着横跨目标的航线飞行，这样就会使侦察目标中的观察人员看到机翼的投影。固定翼无人机的图像张角通常在 1.3 mrad 左右，而垂直起降无人机的图像张角在 0.25 mrad 左右，经过实验研究，人眼在不借助光学设备的情况下，能观察的图像张角在 0.75 mrad 以上。

其实在实际中，当无人机距离较远时，观察人员只能看到无人机底部的阴影。固定翼无人机的底部投影值大约在 0.8 m^{2}左右，而垂直起降无人机如果悬停在 300 m 的高度，从 2000 m 外观察到的投影面积大约只有 0.02 m^2，是固定翼无人机的 1/40，观察人员需要借助 5 倍光学放大镜才能观察到。

固定翼无人机与垂直起降无人机相比更容易被目标发现的另一个原因在于，在实际中，人眼对横跨视线的目标更警觉，而对静态目标则不敏感；对直线状的目标比对无规则斑点目标更敏感。

5.3.2　弹着点定位

陆军炮兵在作战时，通常采用预测的方法对远处的目标实施射击，但是由于风速的变化、各门火炮不一致的校准方法等因素的影响导致射击的准确度不高。这时，如果要提高火炮的射击精度，就需要准确的方位和距离，为了达到这一目的，通常会派观察人员在有利地形范围内观察目标并将信息反馈给射击炮兵。因为这一任务危险性较高，后来又改为直升机在空中进行观察，但同样是非常危险的，特别是直升机在完成该任务时，需要悬停在目标附近上空，很容易被敌方察觉并被攻击。如果用隐身无人机来完成弹着点定位这一任务，会是一种不错的选择。

无人机在执行弹着点定位的任务时，飞行高度会比执行照相的任务时低很多，并且对无人机的悬停能力要求并不高，它只需要通过带有十字线的图像稳像装置，使图像任务载荷对准攻击目标，地面控制站上的计算机便可根据无人机图像载荷的下视角、飞行高度等信息进行简单的三角计算，从而得出目标方位和俯仰的校准数据，最后地面控制站会立即将所计算出的数据反馈给火炮的火力控制单位。

图 5.3.3 所示为“小精灵”无人机在执行弹着点定位任务。

图 5.3.3 “小精灵”无人机执行弹着点定位任务

5.3.3 激光目标指示

激光目标指示的任务是帮助制导炮弹、导弹等高技术武器追踪攻击目标。通常情况下，其工作过程是制导炮弹、导弹等高技术武器发射激光束照射目标，激光束到达目标后再被反射回来，然后炮弹、导弹等便可以沿着反射激光束追踪目标。

起初，可通过靠近目标的地面部队的指示来从目标侧面或附近发射炮弹或导弹攻击目标，地面部队通常使用激光指示系统的方法去照射目标。但是这种方法在远距离情况下使用就无效了，故只适合近距离的攻击方式。远距离攻击时，影响因素就会多一些，指示人员需要靠近攻击目标进行指示，这样一来会使指示人员处于危险的环境；另外指示人员要保持激光束在最佳的角度照射在目标上足够长的时间也是很有难度的；再者，指示人员与攻击目标之间因为障碍物或是地形的影响，也会对指示距离产生限制。

目前，由固定翼有人飞机可以完成此项任务，但是如果要求飞机保持激光照射方向在最佳角度，则需要飞机与攻击目标保持一定的距离，而且激光照射还会受云雾的影响，此外还需要大功率的激光器，这样，飞机会很容易遭受攻击。

如果采用隐身垂直起降无人机来完成此项任务，在无人机上合适的角度安装激光器，这样，即使这些无人机在空中最佳位置保持长时间照射，也不易被敌方发现，因为他们的尺寸、红外、雷达、声特征等与有人机之间的差异是非常大的，几乎差 3 个数量级。

图 5.3.4 所示为小型垂直起降无人机"小精灵"与攻击直升机"阿帕奇"的各视角对比。

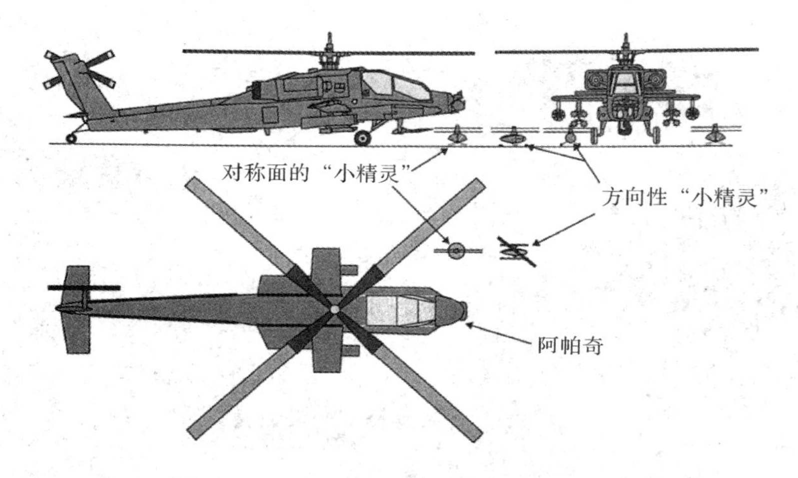

图 5.3.4　"小精灵"与"阿帕奇"的视角对比

除了上述方式之外，还可以采用无人机与有人机编队执行这一任务，如图 5.3.5 所示，使用无人机系统为隐蔽在数公里外悬停的易被攻击直升机发射导弹提供目标指示。

图 5.3.5　无人机与有人机编队完成任务

图 5.3.6 所示为美国陆军使用无人机为“铜斑蛇”制导炮弹提供照射的图片。美国陆军的“铜斑蛇”炮兵武器包含一组发射制导炮弹的火炮，炮弹通过照射到目标上的反射激光锁定目标。通常在不进行攻击时，无人机只需要保持激光瞄准器锁定目标既可，而当炮弹接近目标后，无人机则开启激光器照射目标。

图 5.3.6 美国无人机系统与“铜斑蛇”

还有一种方式，即将无人机地面控制站与火炮的火控系统联系来，一旦发射炮弹到达距无人机一定距离后，火炮控制器则开启激光照射器进行照射，激光开启时刻可由火炮射出的时刻计算得出。这样，大大缩短了激光照射目标的时间，仅仅只需要几秒钟，从而使被目标发现的概率大大降低，而且即使发现也为时已晚。这种方式还有一个优点，就是无人机上的电力需求也会随之相应降低。

5.3.4 核生化污染检测

陆军部队在执行任务的过程中，很有可能受到前方目标地段核辐射尘埃、生物和化学气体或物质的危害。这些危害不但会削弱陆军人员的作战力，还有可能威胁到作战人员的生命。所以在作战过程中，不论队伍的大小、人员的多少，都要弄清前方是否有这种威胁。因此，在到达新的区域作战前，有必要对前面的环境进行危害评估。

在传统的陆军作战部队中，通常会派遣先遣巡逻队测量前方到达目的地的路途中是否存在污染情况。巡逻队通常需要戴上面具、穿上防护服通过能够吸入大气样本物质的手持仪器进行检测分析及测量，并将测量数据反馈给大部队。这一过程速度慢、效率低，而且过程比较繁琐。

如果利用无人机完成此项任务则会事半功倍。可利用无人机携带没有显示设备的核生化污染探测任务载荷飞行在大部队的前方，在一定地点降落，收集和分析周围大气中的成分，并将测试数据传回控制指挥单位。其工作过程如图 5.3.7 所示。

图 5.3.7 所示其实是一种有人机与无人机编队的模式，攻击型直升机可控制无人机同时接受无人机所测试分析的有关数据，并将这些数据中继传输到总部。

图 5.3.7　无人机与有人机编队完成污染检测任务

采用无人机完成这一任务的优点如下：

(1) 人员安全；

(2) 测试所得的数据远比人工测量所得的数据丰富、详细，而且获得的数据能够在无人机地面控制站上以地图的形式显示出来；

(3) 无人机机动性较高，所检测的区域大而且速度快，即使有突发状况发生，也能够迅速作出相应对策或是撤退。

5.3.5　地雷探测与销毁

在作战过程中，埋在部队所经之路上的地雷会对陆军部队造成巨大的损失和伤亡。当前在世界各地仍然还存在着成千上万颗有可能会发生爆炸的地雷或其他爆炸物，如集束炸弹等，都有可能造成人员的死亡和伤残。如果只是利用人工排雷及探测来销毁这些可能爆炸的地雷，那将会是一项非常危险的任务，而且进程会非常缓慢。如果采用无人机来完成此项任务，不失为一个很好的方法。

人们经过实验研究发现，爆炸物可通过合适频率的声波来引爆，这种任务载荷通常可由热像仪和声波发生器构成，由垂直起降无人机携带。无人机可以悬停在爆炸物上空的安全位置，再引爆爆炸物。这种无人机不仅可以应用在军事上，还可以在民用领域中用于拆去爆炸物。

2016 年，Mine Kafon 兄弟团队发明了 MKD (Mine Kafon Drone)无人机，它可以拆地雷，而且拆得非常快。MKD 是一种专门为了追踪以及安全引爆地雷的模块化飞行无人机，如图 5.3.8 所示。

图 5.3.8 MKD 无人机

5.3.6 无人与有人系统编队

无人与有人系统编队在前面的应用中已经多次提到，在陆军作战中也可以利用无人机为无人车辆实现侦察的功能，提高无人作战车的前视视察能力；同时，它还可完成地面无人系统与控制站之间的中继通信。

无人与有人系统的编队技术还需进一步提高，在 2014 年 3 月 20 日，法国达索飞机制造公司的"神经元"无人机与"阵风"战斗机和"猎鹰 7x"商业飞机沿法国南部海岸编队飞行数百公里，该公司表示，这是"神经元"无人机第一次与有人机实现编队飞行，编队飞行近两个小时，如图 5.3.9 所示。本次编队飞行要求"神经元"无人机可以探测到其他飞机并保持相应距离，同时对空气湍流、电磁干扰都有抗干扰能力。达索飞机制造公司的"神经元"无人机于 2012 年 12 月完成首次试飞，"神经元"携带先进的航空电子设备，拥有高级飞行控制和隐形技术，并且能够发射空对地武器。"神经元"无人机长约 10 m，翼展约 12 m，最大起飞重量 7000 kg，有效载荷超过 1000 kg，采用 1 台"阿杜尔"(Adour)发动机，飞行速度约为 272.24 m/s，续航时间超过 3 h，具有航程远、滞空时间长等基本特点，它是欧洲第一种完全使用建模与仿真技术设计和开发的作战飞机。

图 5.3.9 "神经元"无人机与有人机编队飞行

5.3.7　系统机动性

系统的机动性对于陆军作战部队是一个非常重要的指标，尤其是陆军近、短程无人机系统。因为不论战场上的即刻转移还是战场之间的运输，系统的机动性都是一个非常重要的影响因素。

图 5.3.10 所示是部队使用“凤凰”与“小精灵”无人机系统之间机动性的差异，当然，其应用展开时系统的隐蔽性也不同。

图 5.3.10　“凤凰”与“小精灵”无人机系统

通常情况下，背负式系统的机动性最高，但是由于它是由笔记本电脑操控，不可避免地会比其他较重的系统性能低一些。“小精灵”无人机系统属于进程紧凑型垂直起降无人机系统，其起飞重量仅为 36 kg，只需要一辆小型越野车来装载飞机和保障设备以及承担控制站的功能。“瑞安”无人机属于近程固定翼无人机系统，其起飞重量为 45 kg，包含一台带拖车的小型越野车，采用弹射的方式起飞，弹射架安装在拖车顶部，内部放置无人机，回收采用触地的方式。比它们稍微重一些的有中、近程无人机系统，包含一台专用的发射车和一台回收车，车辆数目和人员数量也较高，虽然会降低系统的机动性，但是反应时间会大大缩短。

5.3.8　城市持续监视

无人机进行城市持续监视是一种很可取的方法，但目前尚无较好的解决方案，主要因为无人机在城市飞行并执行监视任务时需要克服相关难题，包含以下几个方面：

(1) 无人机必须体积很小，并且具有隐身功能，否则很容易被发现并摧毁；

(2) 在城市飞行中能够适应各种气象天气条件，并且能够精确地飞到监视点执行任务；

(3) 需要具有悬停的功能；

(4) 安全停在观测点后，还需要将传感器指向正确的方向并且不会受到外界因素的影响；

(5) 当无人机在城市中飞行时，必须保证通信数据链的通畅，不能被楼宇等其他物体影响通信数据的流畅性、准确性，确保通信数据链的强抗干扰能力。

除此之外，还要求无人机节约能源，能够保持长航时飞行等。

陆军还有很多任务有待无人机完成，各国也都在争相发掘无人机的更多应用，期待未来无人机能够派上更多的用场。

5.4 空中无人机应用

5.4.1 远程侦察与打击

空军无人机主要是完成中、高空长航时侦察任务。前面介绍过的“捕食者”和“全球鹰”均是出色完成这一任务的典型系列。

通常这类无人机要求飞行高度高、航程长，分别约为 30 000 m、5000 km，不加油滞空时间保持在 30 h 以上。该类无人机一般由后方基地起飞并操控，通过卫星进行相互之间的通信。无人机中安装有高分辨率光电和热成像传感器的可旋转光电吊舱、合成孔径雷达等任务载荷。

在伊拉克和阿富汗的军事行动中，美国空军用无人机侦察敌情时，使用的是“捕食者”无人机，但是在之后的攻击则是采用空中或陆地部队，这导致了反应迟缓，目标容易逃脱。后来，美国空军将武器加装到了改进版的“捕食者”无人机上，该款无人机被称为 mq - 9“收割者”，如图 5.4.1 所示。随后，各国陆续开始购买这类既可侦察又可攻击的无人机。

图 5.4.1 mq - 9“收割者”无人机

5.4.2 空基早期预警

空基早期预警通常是采用雷达进行广域搜索从而发现敌方是否有特殊情况。这是一项长期持续的任务，如果改用无人机系统来完成，那将既节省人力，又会有更灵活的搜索范围。

5.4.3 电子情报

电子情报通常包括信号情报(sigint)和通信情报(comint)。信号情报是指侦察和截获敌方防空雷达发射的信息，并且利用截获及记录的数据分析并判断出其雷达工作的频率，从而采用电子噪声对敌方雷达进行干扰。通信情报是指截获敌方的无线通信，从而了解敌方的作战动向，掌握其意图。

在无人机出现之前，该任务通常是由飞机携带一组阵列天线，在敌方上空进行长时间的侦察，这对于机组人员来说是一项耗时、危险、枯燥且容易疲劳的任务。如果采用无人机来完成此项任务，至少不会使机组人员有生命危险。同时，对于同等大小的无人机，则可节省出更多的空间来承载油料从而增加无人机系统的航程。图5.4.2所示是以色列制造法国空军使用的"鹰－1"无人机，它是在"苍鹭"无人机平台上改进的，是配备信号情报系统的中空长航时无人机。

图5.4.2 法国空军的"鹰－1"无人机

5.4.4 攻击雷达和防空系统

在作战的过程中，双方通常会派遣大量无人机飞行在有人攻击机之前，它们可成群飞行也可编队飞行，既可以吸引对方防空系统的注意力从而暴露对方被攻击目标的位置，也可以在无人机中装载武器直接对其防空系统进行攻击，削弱其作战能力，甚至造成对方攻击系统的瘫痪，使其对有人机的攻击威胁进一步降低。

这种携带武器可进行攻击的无人机称为无人作战飞机，通常都具备隐身能力，既有中程小型无人机也有远程大型无人机。目前有待开发的无人作战飞机将具有高亚声速巡航、远程飞行、内埋式武器挂载等能力。图5.4.3所示为诺斯·格鲁曼公司的X－47B无人机，图5.4.4所示为英国BAE系统工程公司的"tarains"无人机。

图5.4.3 诺斯·格鲁曼公司的X－47B无人机

图 5.4.4　英国 BAE 系统工程公司的“tarains”无人机

5.4.5　拦截

拦截功能是未来空军部队无人机的一项重要任务，可在空中对敌方有人机或无人机进行拦截。由于无人机体积小，重量轻，相对有人机能够承受的过载更重，而且机动性也会比同级别的有人机更强，所以这将会是未来空军进行空中拦截的新方式。

5.4.6　机场安全

机场对于空军部队是非常重要的存在，所以对对方机场的攻击也是非常必要的手段。通常攻击机场有两种方式：一是空中攻击，机场可采用防空导弹进行保护；另一种是地面渗透破坏。

空中攻击是指攻击机躲过防空导弹对机场进行破坏，这种破坏是不可能预测的，如果对跑道造成破坏，那么机场总指挥部则需要快速确定被破坏的跑道的具体位置及破坏程度等。如果破坏得严重或者没有足够用的跑道，则需要对跑道进行及时有效维修。维修通常包含两部分：一是及时获取机场全景图片，以便评估机场的破坏程度，选择最佳的跑道维修方式；一是开展更进一步的巡查，确定跑道上是否还存在未爆炸的炸弹或是具有杀伤力的微小型武器等。

如果采用无人机协助完成维修跑道的任务，那将会更有效。无人机控制站及机体可放置在小型防空掩体内，无人机可携带高分辨率光电和红外传感器对整个机场进行巡查，并将巡查图像即时传给机场总指挥部，以便选择最佳跑道进行维修。采用垂直起降小型无人机完成机场巡查任务会非常及时有效，因为小型垂直起降无人机不仅便于发射和回收，还具有低空、慢速的飞行能力。而且这种小型无人机遇到未爆炸的炸弹或是杀伤性武器时，还可以引爆炸弹或是相关武器，防止这类炸弹或是杀伤性武器对人员造成伤害或是影响正常的跑道维修活动。

在此基础上，还可利用无人机拍摄整个机场维修过程的全景画面，或是利用无人机作为无线电中继，建立指挥部和现场维修分队之间的通信系统。

渗透破坏是指敌人进入机场埋设定时炸弹或是进行实时攻击。虽然机场具备安全警告系统，但是仍然可能出现秘密泄露，而机场的空中警戒此时就可排除这一危险。如果采用无人机来完成此项任务，使其对机场进行实时的全面的空中侦察，将会及时有效地防止渗透破坏。

5.5　民用、准军事组织和商用无人机

本节将列举一些无人机在民用、准军事和商用方面的应用，有些已经实现，有些功能还待进一步开发和研究。无人机在民用等其他方面的应用相对于军用来说，落后很多，虽然近几年有所发展，陆续出现了一些航拍无人机系统等，但这仅仅只是发展的开始。

在民用方面，有些用户对无人机的需求并不是长期的，所以他们并不愿意为此购买一套或多套无人机系统，如果成立一些无人机系统租赁公司，向用户出租无人机系统来帮助用户完成日常生活或工作中的一些任务，将是很有必要的，也是未来无人机系统在民间发展的一个趋势。

5.5.1　航拍

这是目前民用方面最常见的一项无人机任务。利用高清摄像机或是照相机及无人机系统，从高空中拍摄城市、建筑物或是地理地貌，比如历史古迹、城堡、桥梁等。在这一任务中，无人机的悬停功能非常重要，并且相对于有人机来说，会更方便、干扰更小且成本更低。

目前，一些公司的航拍无人机已经可以出色地完成这一任务，而且很多摄影爱好者也都拥有自己的一台航拍无人机。做得较好的是我国深圳的大疆无人机，图 5.5.1 所示是大疆入门级新飞手的“大疆精灵 3 标准版”(DJI Phantom 3 Standard)航拍无人机。

5.5.1　“大疆精灵 3 标准版”(DJI Phantom 3 Standard)航拍无人机

“大疆精灵 3 标准版”继承了“精灵”系列前几款的高度稳定性、较好的飞行体验以及航拍画质，在此基础上，又具备“智能飞行”功能、2.7K 超高清机载相机等亮点。

作为精灵 3 系列产品，它可借助 GPS 实现自动悬停，用户飞行途中随时释放摇杆，机身就可立即自动悬停，当飞行器在空中失去遥控器信号或收到返航指令时，可自主回到返航点。

作为航拍器材，“精灵 3 标准版”在这方面继续升级，其机载相机可录制每秒 30 帧的 2.7K超高清视频以及 1200 万像素的静态照片拍摄。此外，专属定制的 94°广角定焦镜头将畸变降至最低。

作为飞控的重要一环，“精灵 3 标准版”搭配同步升级的 DJI GO 移动端应用，帮助用户调整相机参数并通过机身内置的 WiFi 图传系统在 1 km 距离内实时查看拍摄效果。更进一步的是，借助应用程序内置的视频编辑器，用户可剪辑并添加文字和音乐，并将作品分享至微信、微博和 QQ 等社交平台。

大疆公司还将对“精灵 3 标准版”推出“航点飞行”(Waypoints)和“兴趣点环绕”(Point of Interest)等智能化新功能，其中，航点飞行功能让用户通过设置航点和相机镜头角度来设计个性化路线，兴趣点环绕功能让用户对指定场景进行环绕飞行和拍摄。

5.5.2 农业

无人机在农业方面的应用已经比较广泛，常用的有 3 个方面，即农作物监测、农作物播种和喷洒以及牧群监视与驱赶。

农作物监测是利用携带红外和彩色摄像机的无人机对农作物进行监测，根据农作物颜色的变化来检测病虫、害虫等的危害程度。

农作物的播种和喷洒包括喷洒杀菌剂、杀虫剂、除草剂等。日本已经开始运用无人机进行水稻播种以及之后利用无人机对农作物进行农药的喷洒。无人直升机定位准确，非常适合在小区域内作业，在喷洒农药的过程中，无人机可准确地在相应地域进行喷洒，减少了人员因为不小心接触到有害化学物质的危险性，还降低了喷洒错误地域的概率。无人机在喷洒过程中可利用围栏进行电子定位，而且可以在喷洒区域内自主飞行，比有人操作系统更加节省成本。

图 5.5.2 所示是雅马哈的 RMAX 无人机，它在日本被广泛应用于水稻的播种，数量大概在 1500 套左右。

图 5.5.2 雅马哈 RMAX 无人机

牧群监视与驱赶在一些国家，特别是南非和澳大利亚等有很大的需求，可利用无人机来完成此类任务。目前通常是通过有人直升机来完成的，特别是在夏季不易抵达的地区放牧牛羊群的时候，常常利用飞机进行监视。如果在每只牛羊身上做标记，则还可以统计数目，到了秋季再将牛羊群赶回来。当然，如果旋翼无人机要完成此类任务，还需配备发声器等装备以备驱赶羊群，对于一些较远的地区，则对无人机与地面站的通信系统有着更高的要求。

5.5.3　海岸警卫与救生协会

海岸警卫的任务通常包括在狭窄海域航道进行交通监视以及海岸线的监视。

航道交通监视是为了保障来往船只在正确的航道航行，如果偏离航道，海岸警卫则需要警示及校正其航线，并且记录下违规船只的名称及注册公司，给予相应的法律惩罚措施。海岸线监视主要是为了搜寻一些残骸，如失事船只、非法遗弃物、污染物等。如果采用无人机来完成这两项任务，其除了要携带光电和热成像侦察传感器之外，还要是中空长航时无人机，并且能够适应低空飞行，这样便于拍照识别船只以及搜寻物品。

救生协会中的无人机应用是指在搜寻受困船只、处于救生筏上的人员或是落水人员时，无人机可以充当救生船只的“眼睛”。在无尽的海域中，救生船只上的工作人员视线有限，从而限制了搜救工作的开展。如果采用无人机来协助此项任务，在搜救开始的同时甚至之前，就可派出无人机对出事海域进行监察。无人机的搜救速度与范围势必要比救生船只快和大得多，当发现遇险船只或人员后，可通过照射目标或给予坐标的方式向救生船只发出信号，救生船只则可迅速赶来并对相应船只和人员采取救援措施。当然，如果在海面上工作，选取无人机时还需考虑其抗风能力的因素。图 5.5.3 所示是一架在演练海上救援的无人机。

图 5.5.3　海上救援无人机

5.5.4　环境保护

利用无人机进行环境保护主要包括对污染物的检测、高空臭氧层的检测以及应用土地的监测。

近几年，一到冬季，雾霾就成了我国人民的心头大患，有时已经严重到了中小学停课的程度。雾霾产生的原因众口不一，也很难说是某一方面造成的，但是工厂、电厂等制造厂的排放物超标是很大的一个影响因素。如果利用无人机每天不定时地对各种工厂、电厂的排放物进行监测，将会对环境的改善起到很大作用。图 5.5.4 所示是 2014 年哈尔滨环保局首次利用无人机监测霾源。

图 5.5.4　无人机寻找霾源

根据我国冬季环境近几年持续恶化的情况，无人机环境监测将会取得重大发展，当然，这还需要感知与避障系统的进一步完善和开发以及相关法规政策的制定。

除此之外，无人机还可对高空臭氧层进行探测以及对土地的使用情况进行监测。

5.5.5　电力公司

电力对于现代人类来说是不可或缺的，而电力巡查则是一项必不可少的工作，但它既费时费力还有多种风险。以往的电力巡查工作是由电力公司指派人员沿电线步行或者爬到线塔上检查电力线，巡查是否有树枝妨碍电线，结构是否损坏，绝缘是否老化等情况。

后来有些国家因为人力完成这项工作实在存在很多弊端，尝试采取了有人直升机来完成此项工作，可以利用双目镜和热像仪来检查绝缘体的故障，这样大大降低了风险系数。但是有人直升机会造成附近动物后代早熟，而且惊吓动物导致周围农场的收入减少，给周围农民造成很大的经济损失。

采取无人机来完成电力巡查工作在一些国家已经进行了很多试验，并取得了较大的成功。无人机可搭载光电和热成像任务载荷，利用其悬停的功能对沿途电力线进行检查，并且还可以将采集的相关数据信息实时发送给电力公司，相关人员对数据进行记录并存储。无人机在飞行时可自动导航沿着电力线飞行，与电力线保持一定的安全距离。由于电力线周围存在较强的电磁环境，所以无人机控制系统与任务载荷需要有较强的抗电磁干扰的能力。图 5.5.5 所示是无人机在对电力线进行巡查。

图 5.5.5　电力巡查无人机

总之，利用无人机系统对电力线进行巡查，既可以降低整体成本，根据相关研究，利用无人机进行电力巡查比有人直升机及人力巡查的成本降低了 1/3；还避免了人员的伤亡，降低了工作人员的危险性；而且巡查工作还可在恶劣的气象条件下开展且扩大了巡查范围，同时，也不会过多干扰周围的居民和动物。

5.5.6　消防

在容易有火情的季节，利用小型无人机系统对树林、易燃农作物等易发生火情的地点进行巡查，可以及早发现过热点，有效地避免大面积火灾。无人机如果装备有消防材料等任务载荷，在发现火情时还可及时对准着火点进行灭火。如果大规模发生火灾，还可以利用大型“灭火无人轰炸机”施行灭火。

近年来，在几次重大火情事故中，不少消防员牺牲火海，所以在我国消防部队已经开始尝试利用无人机与消防官兵协同作战。2016 年 12 月我国四川消防总队引进了大疆 INSPIRE1型和红鹏六轴 AC1100 型无人机，并将其用于协助消防部队完成超视距和超常规的警务作业。图 5.5.6 所示为大疆 INSPIRE1 型无人机。

图 5.5.6　大疆 INSPIRE1 型无人机

5.5.7　天然气和石油公司

具有悬停功能的携带光电和热成像有效载荷的无人机可以帮助天然气和石油公司巡查铺设油气管道的区域，这样会节省很多的成本。另外，无人机还可以帮助巡查油气管道是否存在事故，管道是否有破裂、漏气以及造成事故的原因等，原因多数是自然条件导致，比如雷击、崩塌、树干倾倒等。

5.5.8　信息服务

信息服务包含的内容很多，涉及新闻机构、电视公司、报纸印刷等各类报道新闻的机构，而很多事件不一定是有计划的，很可能有些突发情况。新闻事件、体育活动等进行实时播放的时候都可以考虑利用无人机来进行拍摄或是图像传输，这样产生的干扰小，而且会大大降低成本。

5.5.9　其他应用

无人机可以在民用方面的发展很多，比如利用无人机对气象进行探测，对建筑工地、道路、房屋等进行巡查，测绘、地质勘查，还可以利用无人机帮助交警指挥交通，甚至阻止和发现犯罪等，这些功能还需要无人机技术的更进一步的发展，而一旦无人机在我们的生活中展开应用，那前景将是无法估量的。当然，这也需要进一步完善无人机相关的法律法规。

第6章 无人机的未来

6.1 无人机未来的展望与挑战

6.1.1 引言

无人机系统经过近几十年的发展，已经有了很大的进步，尤其是在军事领域，各国在一些战争和日常演练中，已经开始陆续使用无人机完成各种各样的任务。

无人机系统不是一个单一的学科，它包含了各方面的技术，如动力系统、材料、传感器技术、控制技术等，所有这些技术决定了无人机系统发展的速度，不过，在这个数字技术、计算机技术、通信技术飞速发展的时代，这些技术日新月异，无人机系统也在不断突破。

民用方面虽然才刚刚起步，但是也在不断寻找和尝试新的应用范围，因此对无人机系统的未来发展很难给出一个定论，也许会大大超出人们的想象。与此同时，需要不断发展和更新的不止是各种科学技术，还有相应的法律法规、相关条例以及各级部门的管理和执法，这都需要根据无人机系统的发展，作出各种调整。

关于无人机取代民航的想法，是近几年争议比较多的一项提议。有研究表明：虽然利用无人自主飞行系统代替飞行员能够节省驾驶舱空间，降低成本，但是这对于整个民航运营成本来说是非常有限的。因为整个运营费用不仅仅是飞机成本，它是一个整体系统，包括机上和地面人员的伤亡、飞机和地面不动产损坏等的保险费用，如果利用无人机系统代替飞行员来运行航班，这无疑会使整体运营费用的成本增加很多。

另一个方面，对于乘客来说，更愿意乘坐飞行员驾驶的飞机，他们会觉得这样更安全。无人驾驶的民航飞机会使大部分乘客从心理上不能接受，而且会对整个飞行过程的安全性产生怀疑，使其更加担忧。无人民航投入使用还需要更先进的技术与长期的发展，是否能实现，目前很难作出判断。

6.1.2 传感器技术的发展

上一章节中介绍了无人机系统在军事及民用等方面的应用，军事应用比民用明显发展得更快，这除了技术的原因，还有一个重要原因是无人机系统在军用方面空域的使用比民用空域更加自由。

上一章节中分析了很多无人机系统在民用方面的运用都会更加有效、更加经济，但是运用的效率并不高，主要原因在于管理部门的一些限制以及空域使用的限制。当然，对于一些应用还需要无人机系统传感器技术的进一步发展，就是常说的被看见、感知和避让技术。

“看见与被看见”是相对的，“看见”也可理解为感知，对于无人机系统在民用领域应用时，最重要的技术要求就是看见空中其他飞机，并且能够成功避让，防止两架飞机相撞。因为如果无人机与有人机相撞，那产生的后果是非常严重的，这会损害驾驶员或乘客的生命，这是不能被允许的。

目前并没有很好的办法能够使无人机系统在空中飞行时，及时有效地感知其他飞行飞机并且成功进行避让。特别典型的一种情况是，两架飞机相对飞行时，彼此的图像是最小的，而接近速度是最大的，并且两架接近飞机之间没有其他方向的相对运动，检测发现对方是非常困难的。

无人机系统中检测其他飞机通常采用的手段有可见光检测、红外、雷达图像等，但是由于无人机比有人机要小很多，用红外和雷达图像检测比较困难，所以通常采用可见光检测。在无人机上安装独特的可见光图像增强设备，比如脉冲光亮设备或者多个光亮设备，这种设备已经在一些无人机上得到广泛应用，不过对于微小型无人机，由于功耗问题，安装这种设备还存在一些困难。

感知与规避系统是很多部门在无人机应用时对无人机系统的要求，在空域飞行时，无人机系统有责任感知并且避让其他飞机，感知和避让是指无人机能够探测在其安全领域——空域监视范围内是否有其他任何“入侵飞机”飞行，通过分析飞机的运动状态，及时向操作员报告潜在的相撞目标，当“入侵飞机”进入警告范围，通过机载预警分析与决策，建议操作员执行适当的规避飞行以解除来自“入侵飞机”的威胁。

目前，各国解决无人机空域安全的方案主要有“陆基感知与规避”和“空中感知与规避”。无论哪种规避系统，都是旨在为无人机系统及其操作人员提供“看见与避让”以及飞行的安全保障技术。

美国国防部在 2014 年 8 月向国会递交的一份旨在将无人机集成到国家空域系统的研究进展报告显示，国防部在无人机感知与规避技术领域已经取得重大进步。陆基系统的部署以及机载系统元件的装备工作已经正式进入采办流程。研发通用的、可信赖的感知与规避系统是目前国防部最重要也是最耗费资金的工作，美国国防部正与美国联邦航空管理局(FAA)就无人机系统国家空域集成问题进行密切合作。

美空军于 2013 年完成了“陆基感知与规避(GBSAA)”系统的研发工作，于 2014 年 4 月获得批准运行该系统。美国海军陆战队(USMC)已经在北卡罗来纳州的切利角海军陆战队航空站部署了美国国防部批准的 GBSAA 系统。“陆基感知与规避”系统是一种利用现有的雷达跟踪无人机和有人驾驶飞机，然后在无人机太靠近其他无人机或者有人驾驶飞机时，对其操控人员发出警报的软件系统。无人机系统的“陆基感知与规避”能力正在取得进步。

2014 年 11 月，美国国防部还在新墨西哥州坎农空军基地部署了另一个“陆基感知与规避”系统。两个基地的系统在各方面都超出性能要求：海军陆战队的训练和作战时间在不断增加，但是安全事故却在减小；同时，该系统的运行成本相比此前的旧系统低很多。但是，“陆基感知与规避”系统依然存在一定的问题，尤其是陆基雷达的性能表现不佳，它们可以很好地执行戍卫任务，但却无法胜任实际作战任务。

目前，还提出一种技术为基于多源信息融合的“感知与规避”(Multi-source Information

Fusion for sense And Avoidance)技术。

多源信息融合技术是研究对源不确定性信息进行综合处理及利用的理论和方法，即对来自多个信息源的信息进行多级别、多方面、多层次的处理，产生新的有意义的信息，主要用于军事目标(舰艇、飞机、导弹等)的检测、定位、跟踪和识别。由于面临的研究对象日益复杂，故需要掌握有关环境更加全面的信息，同时需要处理非线性的、不确定的、非高斯、非平稳、低信噪比的信号以及来自不明信息源的信息，信息融合技术需从多视角进行多信息的处理及综合，找出信息内在的本质联系，从而做到去伪存真，实现信息的优化获取和利用，对外部环境的变化及时作出最优决策。

基于导航信息共享的“感知与规避” (Navigation Share For Sense And Avoida nce)随着当今通信技术和导航能力的增强，通过网络信息共享方式可改进有人飞机和无人机的防碰撞程序。通常的做法是，连级以下的无人机任务规划小组与分散的空中指控部门联系，告知规划的无人机任务，如“某型无人机将在某个时段、某个高度、某个区域内飞行”，从而建立一个“受限操作区域”。无人机任务规划小组再将情况上传到空管系统的指令链路中，在得到批准后汇入战区级的空中控制指令。另外，它们还与营或旅级指挥官通过无线电通信，告知无人机的位置和观察到的情况。

在许多情况下，无人机可以借助惯性导航系统(INS)、罗兰-C、GPS、北斗定位系统等精确地计算出自身的实时运动状态参数，并发送至空中交通管理服务系统(简称“空管系统网”)，空中所有授权的飞机都可以进入“空管系统网”共享此数据，相关飞行员或无人机操作员就可以了解到目前空中的各飞机航迹规划及其运动状态，并由此分析潜在威胁目标。因此，导航系统与“空管中心网”构成的联合预警系统，是无人机避免空中碰撞的有效途径和必要手段，如图 6.1.1 所示。

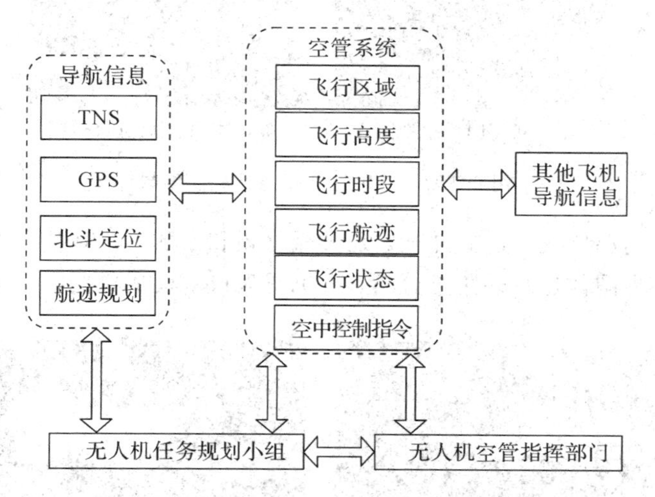

图 6.1.1　导航系统与“空管中心网”联合预警

基于多模图像融合的“感知与规避”(Multi-mode Image Fusion For Sense And Avoidance)技术是将两种或两种以上的不同传感器以及不同波段的传感器进行有机融合，以获得目标多波段、多形式的信息，通过信息融合处理来达到可靠地检测、识别目标以及跟踪、打击目标。基于多模图像处理的配准、融合、目标检测等技术是实现无人机高分辨率照相侦察与目标定位、高效电视/红外/激光综合侦察的关键技术所在。其多模图像处理的关键技术包括有多模图像获取与配准以及多模图像融合与决策。由于多模图像侦察技术具有场景环境适应性强、抗光电干扰和有效的对目标尤其是对伪装目标的检测与识别等优点，因此受到各国的青睐。

基于EO/SAR的多模图像感知适合于大多数无人机，其核心任务载荷为高分辨率可见光CCD相机、SAR、多波段红外和偏振激光探测器。据报道BAE系统公司正计划在其生产型“赫提”通用无人机上采用一种雷达/光电双传感器感知与规避系统，使之能在非隔离空域中使用，其中，安装在机头的雷达可主动扫描和监控前方空域，而光电传感器则以被动方式工作。高分辨率可见光CCD相机具有作用距离远、分辨率高、抗各种电子干扰、隐蔽性好以及体积小、重量轻等优点。由于无人机对任务载荷重量的苛刻，轻量级的可见光CCD相机一直是无人机目标探测的首选，然而，其缺点是无距离信息，不能全天候、全天时工作。红外探测技术的主要优点在于符合隐身飞机自身高度隐蔽性的要求，即被动探测、不辐射电磁波，而且由于工作波长较微波雷达短3～4个数量级，可以形成高度细节的目标图像，目标分辨率高。根据各类目标和背景辐射特性的差异，就可以利用红外技术在白天和黑夜对目标进行探测、跟踪和识别，以获取目标信息。基于形态学理论的自动目标识别技术从云层红外图像中检测出的飞机目标图像，如图6.1.2所示。

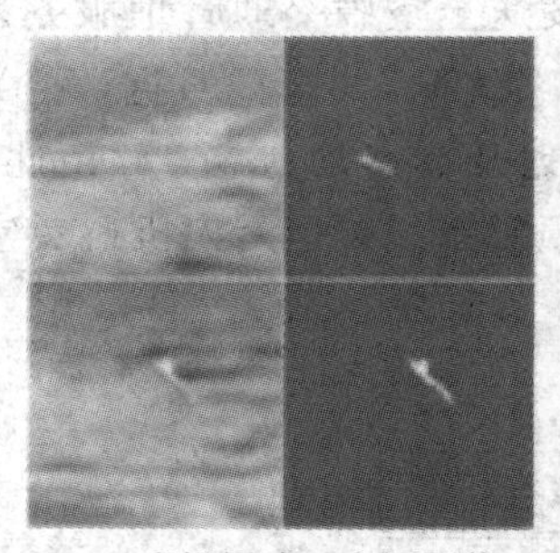
(a) 飞机尾喷口电视图像

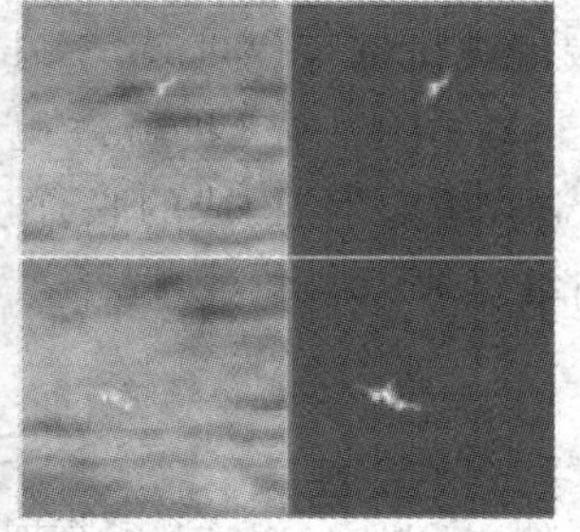
(b)飞机尾喷口红外热图

图6.1.2 飞机红外图像及检测结果

发动机尾焰是高温燃气，其主要成分是二氧化碳和水蒸气，辐射波段范围在2～5 μm，如果对飞机尾焰红外图像进行采集与分析，飞机尾喷口双模成像图如图6.1.3所示。

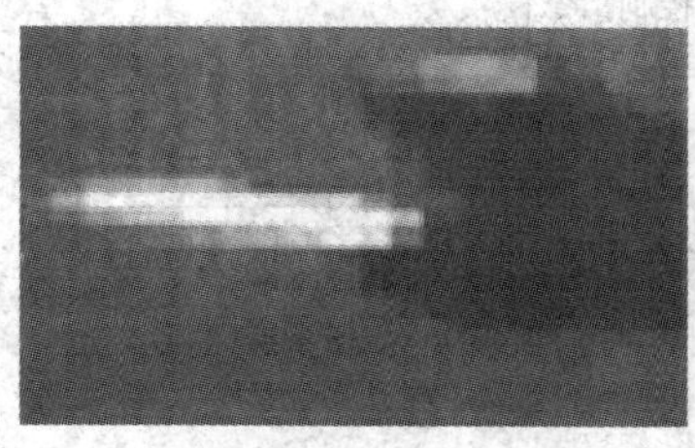
(a) 飞机尾喷口电视图像

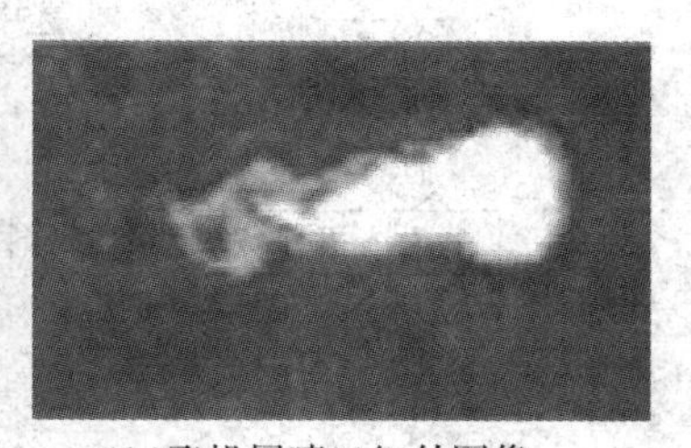
(b)飞机尾喷口红外图像

图6.1.3 飞机尾喷口双模成像图

偏振激光主动成像技术是用偏振激光照射目标，然后根据不同材料目标反射光的偏振度差异和偏振图像来进行探测与识别的一种新技术。偏振图像可以表征一些强度图像很难表征的信息，如目标表面的粗糙度，对于识别不同的地面目标具有潜在的价值。特别是在低照度条件下，偏振信息比强度信息具有更大的探测与识别能力。图 6.1.4 显示了飞机模型金属表面在偏振激光下的成像效果。尽管偏振光主动成像的理论还有待进一步深入研究，但可以预见，包含偏振信息的联合目标识别系统在未来战场上一定会有巨大的应用前景。

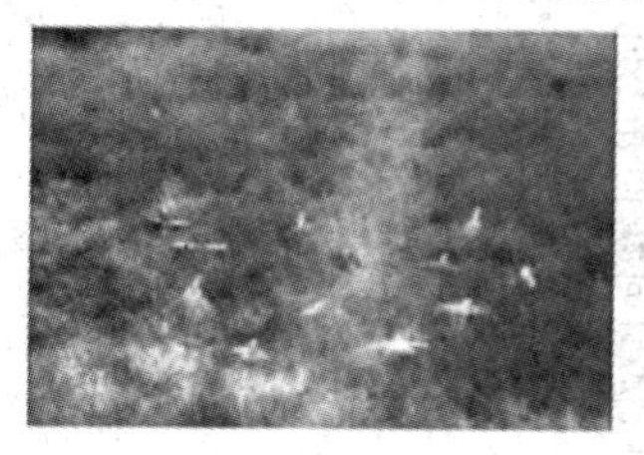

（a）普通强度图像

（b）利用偏振参数融合后图像

图 6.1.4　飞机模型金属表面在偏振激光下的成像效果

光电探测系统受其工作原理的限制，在某些战场条件如尘埃、烟雾等情况下，工作性能下降，而目前电磁微波雷达的技术进步也同样是日新月异的，将两种不同类型、不同工作原理的探测技术互相结合，在信息处理上实现真正的融合，可以大幅度提高机载系统探测能力。

合成孔径雷达（Synthetic Aperture Radar，SAR）利用微波遥感技术，可全天候、全天时对目标进行探测，将信息通过数字处理变成逼真的图像。其性能优势包括全天候、远距离、高分辨能力、自动目标识别、能远距离目标成像且分辨率与距离无关；SAR 可在不良的环境条件下（如气候、灰尘、烟雾、遮挡物）对战场进行高分辨率实时成像，并探测活动目标，该技术将成为无人机的一种通用的侦察、监视和目标瞄准方法。最近 10 多年来，干涉式合成孔径雷达（Inverse Synthetic Aperture Radar，ISAR）技术已成为研究热点，代表了 SAR 新的发展方向。获得 ISAR 数据的方式有两种，即在一架飞机上使用两副天线，或者用一副天线进行重复轨迹飞行，这样就可以使用 SAR 相位测量来推断同一平面的两个或更多 SAR 图像间的距离差和距离变化，从而产生非常精确的目标表面剖面图。SAR 的局限性在于易受电子干扰和欺骗，图像难以直观解释，结构庞大、复杂，目前费用较高，不能近距离成像，而这些恰好是光电载荷的优势所在。

因此，将高分辨率可见光成像技术、SAR、红外探测技术与偏振激光主动成像技术融合起来，利用多模态图像优势互补，则可以实现昼夜、远距离、高分辨率目标的侦察、监视与跟踪，从而提高无人机“感知与规避”的及时性与可靠性。基于 EO/SAR 的无人机多模图像感知框图如图 6.1.5 所示。

基于多源信息融合的“感知与规避”（Multi-source Information Fusion for Sense and Avoidance）是对来自多个传感器的数据进行多级别、多层次和全方位的综合处理，对事件或感兴趣的环境作出最优决策。无人机上任何传感器都只能获取空中潜在威胁目标的部分信息，而且这些多传感器之间还可能存在着冗余、矛盾和不确定性。通过多源信息融合，将各种实时的或者非实时的、速变的或渐变的、模糊的或准确的、相似的或矛盾的等不同特征的传感器信息、测量数据、统计数据、经验数据进行融合、处理，通过聚类方法或卡尔曼滤波对空间或时间上的冗余或互补信息进行处理，以获得空中潜在威胁目标的一致性的解释或描述。数据融合的基本目的是通过贝叶斯估计或DS证据推理，分析空中潜在威胁目标的运动状态，评估闯入飞机对自身的安全威胁程度，并由此作出无人机规避决策。

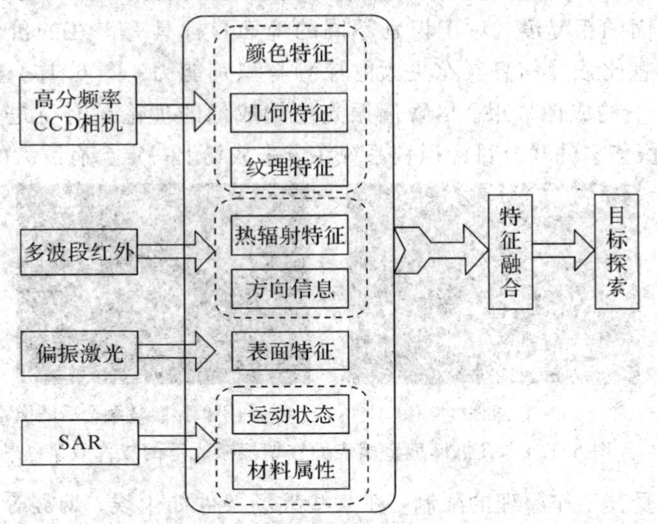

图6.1.5　基于EO/SAR的无人机多模图像感知框图

将无人机机载导航信息、多模图像感知与空管系统、地面站预警信息综合起来，构建基于多源信息融合的"感知与规避"系统，如图6.1.6所示。这与单传感器信号处理或低层次的多传感器数据处理方式相比，多传感器数据融合有效地利用了多传感器资源信息提供的互补性，从而可以获得空中潜在威胁目标更为全面的信息，同时，通过预警分析与决策，预警系统将提供更安全更可靠的规避策略。

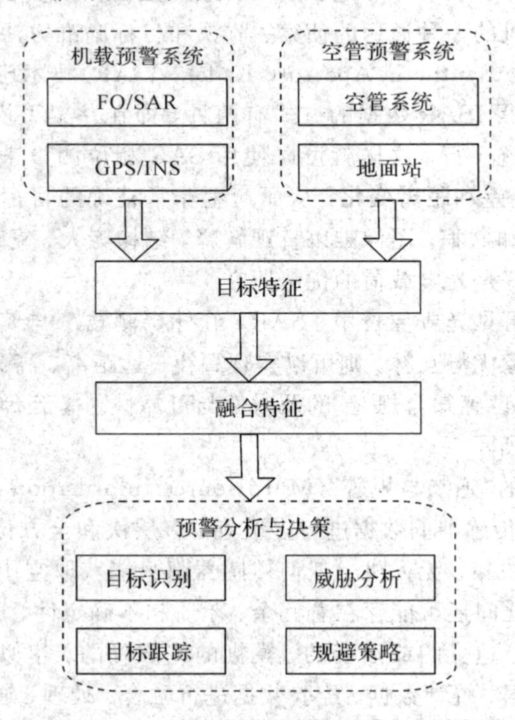

图6.1.6　基于光电载荷的无人机感知系统框图

6.1.3　动力系统的发展

无人机的动力系统是指其发动机部分，一般来说，对于大多数中高档性能的飞机，动力系统的重量约占飞机总设计重量的 10%，而对于中程轻型飞机来说，燃油占总设计重量的 10%～15%，这类飞机的有效载荷占总设计重量的 40%～45%。

对于军事应用中的战术无人机来说，有效载荷一般是图像传感器或其他轻型电子系统，占总设计重量的比例较小，可以携带更多的燃油以扩大航程。这类无人机燃油占总设计重量的比例为 20%～25%，燃油及动力部分重量占总设计重量的比例将会成比例提高，占到总设计重量的 1/3 或者更高。因此，动力系统及燃油重量的降低对于无人机尺寸及航程航时等性能都有很大的影响。

1. 内燃发动机的改进：活塞部分

内燃发动机包括 2 冲程和 4 冲程发动机，其原理已经在第 3 章中有所介绍。这类发动机在不断进行改进，主要包含两个方面：一是通过改进燃油/空气混合比、分布特性、涡轮增压、点火等，降低油耗；另一个是通过采用轻质、高强度的材料，不断减轻发动机的重量。需要注意的是，由于易燃气体在高压下会出现提前点火的现象，所以在改进燃油/空气混合比时，不能无限制增加压缩比来提高输出功率。

另外，有一些特殊场合使用的无人机，比如海军部队，为了安全，要求必须采用重油，而不能使用汽油。重油包括柴油和煤油，要求较高的压缩比，因为其具有高热值的特点，有可能是未来的发展方向。现在需要解决的问题是如何找到一种有效的方法，能够在不增加发动机重量的前提下获得无人机系统所需要的压缩比。除此之外，还需要开发紧凑、可靠、轻质、低成本的喷油系统和涡轮增压器。

另外一种方法是使用步进活塞发动机，也可以提高发动机的性能，它是由英国本纳得琥珀工程首先提出的，其原理如图 6.1.7 所示。

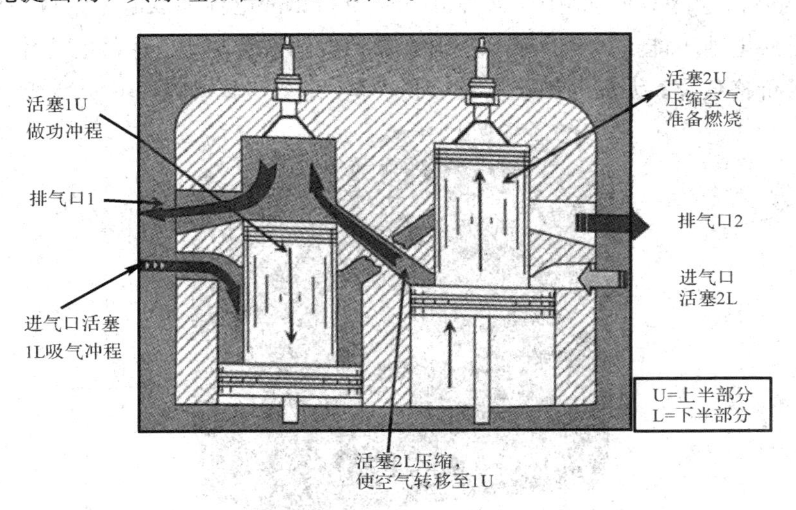

图 6.1.7　步进活塞发动机原理图

步进活塞发动机是利用活塞运动时所产生的吸气和压缩的原理，为另一个气缸增压提供服务。它的特点是在活塞底部紧挨的法兰上设的第二级燃烧室，当活塞向下运动时，第二级燃烧室吸入燃油和空气的混合气体；当活塞向上运动时，第二级燃烧室的混合气体进入紧邻的上部燃烧室，随后在上部燃烧室混合气体进行压缩燃烧，从而推动活塞向下运动来进行排气。每个缸内的活塞运动的相位相差 180°。

这种步进活塞发动机有效地使 2 冲程发动机更加轻质、高效、低排放、高耐用，并且其油品所使用的范围更宽，不需要提前进行油料混合，有一套完整的类似 4 冲程的再循环机油箱润滑系统。

2. 内燃发动机：涡轮轴发动机

目前，飞机上已经可以使用功率小于 200 kW 的无轴燃气涡轮发动机，其性能已经可以与电池驱动的电动机相当。

目前使用的小型涡轮发动机并不是很多，主要因为其尺寸越小，所对应的耗油率越高，质量/功率比也比活塞发动机大，所以其造价也会提高，相对于其他发动机缺乏竞争力。

3. 电池动力

电池动力近几年发展迅速，很多小型旋翼无人机均采用电池驱动。

电池有积层电池、铅酸电池、镍氢电池、镍镉电池、锂离子电池、锂聚合物电池、磷酸铁锂电池等很多种，无论是从容量方面划分，还是从用途方面划分，电池之间都有很大的不同之处。在旋翼无人机里用得最多的就是锂聚合物电池，虽然同样都是锂聚合物电池，但是锂聚合物电池之间还有很大的区别。

最早使用的电池是铅酸电池（VRLA），可用字母 PB 来表示。它的体积比较大，塑料外壳，里边全是液体，电压一般是 12 V。铅酸电池主要由两种不同的铅板和电解液（硫酸和蒸馏水）构成，通过化学反应存储电能，一个单格铅酸电池的标称电压是 2.0 V，能放电到 1.5 V，能充电到 2.4 V；在应用中，经常用 6 个单格铅酸电池串联起来组成标称是 12 V 的铅酸电池。铅酸电池不能倒放和侧放，否则会导致电解液流出；这种蓄电池体积大，又非常的笨重，但其价格低廉，大部分用于汽车、电瓶车、船等场所，如图 6.1.8 所示。

图 6.1.8　铅酸电池

铅酸电池走向市场后，另一种新型电池也在慢慢地流行开来，那就是镍镉电池，用字母Ni-Cd表示。镍镉电池外观与我们平常用的干电池一模一样，并且通用，额定电压1.2 V，放电截止电压1.0 V，充电截止电压1.4 V。这种电池拥有着容量高、放电电流比干电池大、可快速充电、可重复使用500次以上等优点，逐渐地占有了手电筒、玩具车等市场，如图6.1.9所示。但是镍镉电池有一个非常大的缺点，那就是有记忆效应，记忆效应就是说这次放电放到1.1 V，然后充电，充满后再放电，最低点就是1.1 V而不是1.0 V。后来的镍氢电池才解决了这一问题。

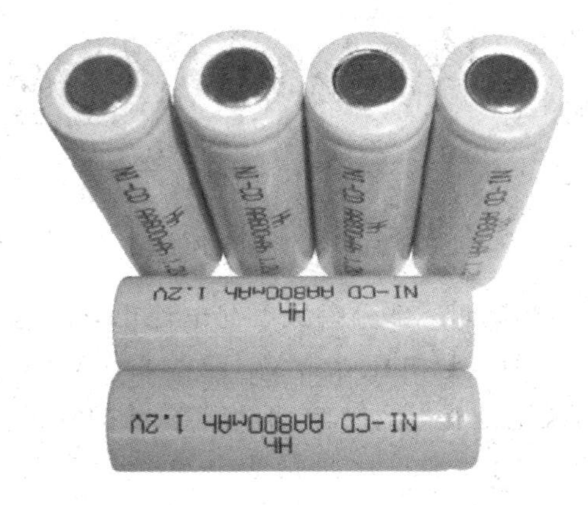

图6.1.9　镍镉电池

镍氢电池用字母Ni-MH表示，如图6.1.10所示。它比镍镉电池放电电流更大，充电更快，工作电压1.2 V，最低电压1.0 V，充满电压1.4 V。并且它比镍镉电池储备电量增加了30%以上，重量更轻，其缺点就是价格比镍镉电池要贵很多，这是最早应用于航模的电池。后来，随着航模无刷电机的诞生，大的电流需求是镍氢电池满足不了的，就出现了锂聚合物电池。

图6.1.10　镍氢电池

锂聚合物电池，用字母Li-po表示，如图6.1.11所示。与镍氢电池相比，锂聚合物电池除了没有记忆效应之外，放电倍数、电压、容量等都有了很大的改变。这种电池与锂电池十分相似，正极材料为钴酸锂、锰酸锂、三原材料和磷酸铁锂材料，负极为石墨，电池工作原理也基本一致，它们的主要区别在电解质的不同，液态锂离子电池使用液体电解质，聚合物锂离子电池则以固体聚合物电解质代替，这种聚合物可以是干态的，也可以是胶态的，目前大部分聚合物为凝胶电解质。这种电池工作电压 3.7 V，充满 4.2 V，最低 3.3 V。容量从小到大不等，工作寿命在 400 次左右，价格相对较高。

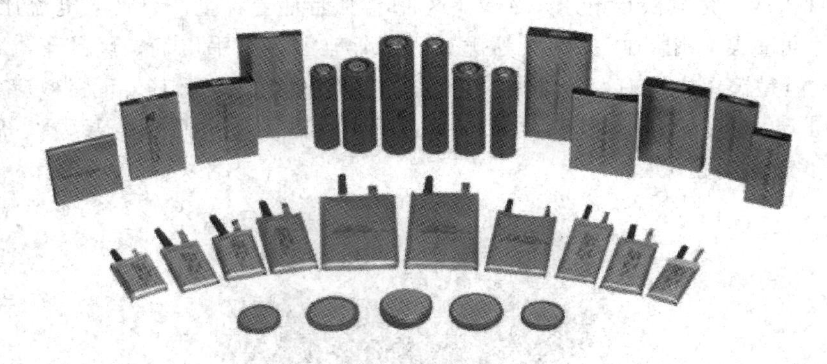

图 6.1.11　锂聚合物电池

随着现代新兴电池的不断问世，部分磷酸铁锂电池也逐渐地走向市场，用字母 Li－Fe 表示，如图 6.1.12 所示。这种电池电压 3.2 V，最低 2.9 V，最高 3.6 V，循环寿命高达 2000 次以上。同质量的铅酸电池是“新半年，旧半年，维护维护又半年”，而磷酸铁锂电池使用寿命高达 7 年以上，理论上性价比是铅酸电池的 4 倍以上。在专用充电器下最快 40 min可充满电，电流最大两倍放电。

图 6.1.12　磷酸铁锂电池

最早的航模时代，全部采用的是镍氢电池作为动力源，这种电池和镍镉电池最大的差别是倍数与记忆效应的差别。后来由于这种电池笨重、容量小，随着锂聚合物电池的生产工艺成熟、成本越来越低廉，镍氢电池逐渐被淘汰。

逐渐成熟的锂电池占据了整个市场，锂聚合物电池同比镍氢电池，价格相近，但性价比远远超于镍氢电池，因体积小、容量大、重量轻等优势一度占领了整个航模市场。随着技术的不断提高，有些厂家考虑到无人机比航模需要更大、更稳定的电流，在电池生产的基础上进行了改进，从而提高了电池性能。最简单的例子，锂聚合物电池内部都是一层一层的叠片，这些叠片的层数及石墨的厚度决定了一个电池的工艺，例如叠片的过程中有杂质的存在，很容易导致电池两个电极短路，致使电池报废。这些电池在生产后，还要检查电池是否达到生产质量标准，检查放电能力、储电能力、充电等各项性能，性能比较好的就是 A

品，性能不好的就是 B 品，最差的就是 C 品。电池在生产的过程中要求非常严格，甚至石墨涂层的厚薄差异，都会导致生产出来的电池千差万别。所以同型号的电池，有时价格却是一个天上，一个地下。后来生产厂家开始使用自动叠片机及无尘车间，这样才逐渐有效地保证了生产的质量，但是还不能完全地把控产品质量。再后来新兴的磷酸铁锂电池开始慢慢地占据了这个市场，目前很多无人机遥控器采用的就是磷酸铁锂电池。

4. 燃料电池技术

燃料电池是近几年研究的热点，它的原理是通过催化作用将反应燃料(电解液)中的电子和质子分离，使电子在回路中运动形成电流从而转换成电能。其典型的催化剂是由铂金属或合金组成。如果利用氢为燃料，将存在另一个反应过程，就是将电子收回，与质子结合氧化形成水。这类系统虽然需要电力驱动才能工作，但绝大多数电能可代替电池驱动电机工作。

近几年，氢燃料电池已经开始应用于无人机中。在 2015 年 2 月份，苏格兰海洋科学协会(SAMS)在苏格兰机场成功进行了第一架使用固态氢动力系统无人机的飞行测试，起飞 10 min 运行 200 ft(1 ft=0.3048 m)，并平稳着陆。它采用的是 Cella 公司的氢动力气体发生器和 Arcola 集成的燃料电池。这个电池的运行原理是气体发生器使用专有的固态物质，将该物质加热到 100℃以上时可释放出大量的氢气，如图 6.1.13 所示。

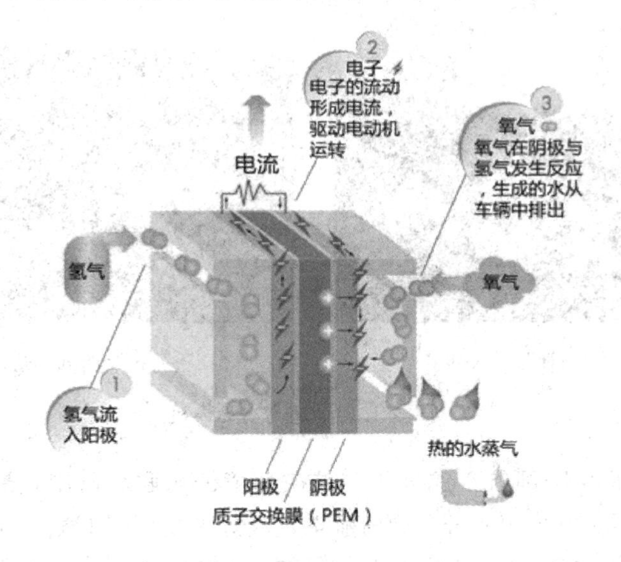

图 6.1.13　氢燃料电池工作过程

在国内，武汉众宇动力系统科技有限公司于 2014 年底就开始尝试在无人机上应用燃料电池技术，推出两款名为“天行者”的固定翼无人机和“游骑兵”的六旋翼无人机，前者在 2015 年 6 月 2 日创下了 12 h 连续不断飞行的成绩；两个月后，后者在新疆创造了 3 h 30 min 的野外飞行记录。在整个飞行过程中，巡航时由氢燃料电池提供稳定动力输出，而在起飞等动力需求较大的时候，锂电池将会进行补充输出；待巡航时，氢燃料电池将富余的电能回充到锂电池。

6.1.4 机体结构的发展

如果将无人机分成两类，一个是中、高空长航时无人机系统，另一个是近程无人机系统，那么它们将有各自的发展方向。

中、高空长航时无人机系统结构比较完善，可以在材料和发动机上进一步提高性能，机体结构不会有大的变化，为了适应任务的需要，其机载传感器和武器配置方面还有很大的发展空间。

近程、小型以及微型无人机，在未来会有很大的变化和发展，包括其任务载荷和相关子系统都会朝着微型化、小型化发展，还有机体结构布局也会出现新的尝试和发展。这类无人机系统通常工作在低空有空气污染、扰流等恶劣的环境中，所以要求其具有多功能性能，尤其是在风速大、扰流多、使用空间有限等条件的环境中使用时。

另外，垂直起降无人机也将会受到更多关注以及得到更广泛的应用。

1. 超高空无人机

超高空无人机的飞行高度通常大于 15 000 m，可用于侦察、截击等。无人机在大气层内飞行，飞行高度一般在 30 km 以内。典型的系统代表为“太阳神”和“西风”无人机，如图 6.1.14 所示。

(a)“太阳神” 无人机

(b)“西风” 无人机

图 6.1.14 超高空无人机

“太阳神”无人机由美国航空航天局与航空环境公司联合研制，翼展达 71 m，长度约 3.6 m，计划飞行高度为 30 000 m。美国航空航天局希望“太阳神”无人机每次试飞时都能够依靠太阳能在空中坚持 14 个小时左右。“太阳神”无人机在 1999 年前进行了 6 次电池动力试飞，后来的试飞由翼展上 6 万多块太阳能板提供动力。

“太阳神”无人飞机翼面上安装有 62 000 块 SunPower 双面硅太阳能电池板，能将接受到的 19%的太阳能转换成电能，夏日正午时最高功率可以达到 35 kW。在“太阳神”无人机上，还携带有液氢染料电池作为太阳能电池的补充，用于为夜间飞行提供能量，在携带的液氢耗尽之前，它可以在同温层连续飞行两周。

“太阳神”无人机由设在加利福尼亚州蒙罗维亚的航空环境公司负责开发、制造。飞机上共装有 14 个推进器，发动机消耗的能量同一个标准的吹风机差不多。在早晨阳光不是很强烈时，“太阳神”装备的太阳能电池可以为飞机提供 10 kW 的电能，使飞机能够以每秒 33 m的速度爬高；中午时分，电池提供的电能达到 40 kW，飞机的动力性能达到最佳状态。晚上飞机则依靠储存的电能进行巡航飞行。

2001 年 8 月 13 日，“太阳神”无人机创下了无燃料飞行器飞行海拔高度的纪录，飞行高度为 29 524 m，不过这个记录未被官方确认。2003 年 6 月 26 日，“太阳神”无人机在夏威夷考艾岛上的美国海军太平洋导弹靶场发射，试验燃料电池系统时遭遇湍流而解体，坠入太平洋，机上的燃料电池实验系统也随之丢失。后来，也没有再开发“太阳神”无人机的替代产品。

“西风”太阳能无人机家族是英国 QinetiQ 公司与英国国防部利用合作基金共同研发的一个军工项目，其最终成果“西风”全天候高空远程自主飞行系统可军民两用。民用型可以执行地面监视(如农作物调查、森林防火、水资源保护、边界控制等)、通信中继、遥感、地图测绘、大气遥感等任务，军用型将用于低成本的长期留空战场监控任务，预计在 18 000 m 以上的高空执行拍摄和数据转发任务，每次升空可以至少连续飞行 3 个月以上。2008 年 8 月，“西风”在美国亚利桑那州的尤马试验场起飞并在自动驾驶仪和卫星通信的支持下连续飞行了 82 h，飞行高度超过 18 300 m，创造了迄今为止最长的无人机留空的世界纪录，这一成功吸引了美国国防部的注意力，遂利用美国国防部和英国国防部的联合性能技术验证计划拨款参与该机的研发工作，使得该机的研发进程大大加快。

“西风”高空远程太阳能无人机采用超轻型碳纤维制造机身，最终翼展超过 18 m，重量仅为 30 kg。机翼上表面覆盖有美国联合太阳能奥弗诺克公司研发的太阳能电池板，可以提供大约 1.5 kW 电力，在白天可以满足“西风”两翼上的两台电动螺旋桨引擎的电力需求，维持在 18 000 m 以上高空飞行，并将剩余电力存储到机上搭载的 Sion 动力公司生产的硫磺锂电池中，以便为夜间飞行供电；夜间飞行时“西风”的飞行高度会降低到 16 000 m 以下。之所以让“西风”保持在 16 000～18 000 m 高度上飞行，是因为这一高度高于大多数民用飞机的巡航飞行高度，也能躲避大多数天气现象对轻盈的“西风”无人机的影响。

2. 垂直起降无人机

垂直起降无人机是近几年研究的热点，其结构布局有很多种类型，每一种类型都有其特点。随着近几年民用无人机的发展，社会各界对垂直起降无人机的关注也越来越高，下面介绍几种最新垂直起降性无人机系统。

1) CW－10 大鹏

2016 年 6 月 22 日“ASFC·尖兵之翼——第七届中国无人机大会暨展览会”在北京中关村国家自主创新示范区展示中心举办。成都纵横自动化技术有限公司在展会现场发布了电动垂直起降固定翼无人机“CW－10 大鹏”，引起了行业众多关注，垂直起降固定翼无人机再添一位“生力军”，如图 6.1.15 所示。

成都纵横此次发布的“CW－10 大鹏”电动垂直起降固定翼无人机翼展 2.6 m，最大续航时间 90 min，最大载荷达 2 kg，巡航速度为 20 m/s。飞机采用模块化设计，连接结构全部采用快锁装置，拆装过程无需工具，电气和机械连接一次同步完成，可快速拆解为 9 部分，运输携带方便，飞机可实现全自主飞行，一键起降，同时采用 RTK 定位，定点起降，精准作业。"CW－10大鹏"无人机在航空测绘、管线巡检、应急、监视等方面都有较广泛的运用。

图 6.1.15　"CW－10大鹏"无人机

2）VD－200垂直起降飞翼无人机

中国成都飞机设计研究所研制的VD－200无人机，如图6.1.16所示，使用两具2 m直径的螺旋桨驱动，采用飞翼构型，可以垂直起降，升空后转换为平飞状态。这架无人机翼展4.6 m，全长1.8 m，起飞重量200 kg，载荷20 kg，最大飞行速度260 km/h，航程150 km，留空时间3 h。

图 6.1.16　VD－200垂直起降飞翼无人机

VD－200无人机上装有光学/激光指示载荷。陆用型可由运输车搭载，与其共同使用的还有一辆指挥控制车，这两种车都采用东风卡车底盘。此外，这种无人机也有海军用版本，可以进行空中监控和搜索目标。

由于发射和回收方便，VD－200垂直起降无人机可靠近目标起飞，特别适用于多种需要快速反应且地形复杂的场合，比如自然灾害评估、电力巡查、环境监测、地图测绘、空中交通监视、消防火情监测和农牧林业等。通过携带对应的任务载荷设备，利用其机动灵活的特点，可以快速实现对区域目标或重点目标的空中监视和侦察功能。

3）SONGBIRD系列无人机

Hans-Peter Thamm博士创办了无人机公司Aerolution，他们的SONGBIRD系列无人机采用固定翼的结构，却可以实现和多旋翼无人机一样的垂直起降，不需要跑道或其他辅助设施，因为它有可以动的螺旋桨，如图 6.1.17 所示。

图 6.1.17 SONGBIRD 无人机

在起飞阶段，SONGBIRD 的螺旋桨平行于地面，这样就可以让无人机垂直升起。而在达到固定高度的时候，机翼上连接四个螺旋桨的轴便会逆时针旋转，从而成为向前飞行的动力。

Aerolution 在螺旋桨旋转这个步骤上花费了很多的时间，在材料、结构和算法上都进行了很长时间的优化，所以 SONGBIRD 这个“模式切换”的过程十分顺滑，在螺旋桨旋转的时候你并不会发现特别明显的抖动，而为了达到这样的效果，SONGBIRD 可能会在一分钟里完成 400 次机身自动修正的平衡摆动。SONGBIRD 目前应用在一些比较极端和严苛的场景下，比如矿区和大型农场的勘测、森林救援和边界巡防，它的稳定性和续航里程都是这些应用必需的。

在标准版的 SONGBIRD 里预留了两个摄像机机位，可以将我们日常见到的微单相机放置其中。镜头负责记录画面信息，配合机身里暗藏的 GPS 等芯片记录的地理位置信息就可以生成一个信息更完整的视频内容数据。

4) 京东 VTOL 垂直起降固定翼无人机

VTOL 固定翼无人机，载重 5 kg，续航 1 h，如图 6.1.18 所示。垂直起降 VTOL 固定翼无人机具有更强的环境适应能力，同时具备航时长、航程远、速度快的优势。目前 VTOL

图 6.1.18 VTOL 固定翼无人机

固定翼无人机测试的载货重量已经超过 10 kg，而京东未来的目标是让送货无人机达到“30 kg 30 km”的标准，即载重 30 kg，飞行 30 km。京东无人机项目的定位是解决农村配送困难问题，与现有物流系统进行互补，借助无人机无视地形、飞行和操控简单、成本低廉等优点，力求完善京东村镇物流系统。

京东集团 CTO 张晨表示，无人机配送应用场景是先用无人机把村民购买的商品从农村配送站送到京东的农村推广员的家里，然后由推广员再把商品送到村民家里。

京东集团董事局主席兼 CEO 刘强东此前说过，有时候一辆车开到村里，每次只送一个包裹，摊销在一个订单上的油钱、时间成本就会非常高，而这是农村电商发展最大的障碍。如果未来大规模使用无人机的话，成本可以大幅降低。

5）“空中骡子”无人机

以色列城市航空公司(Urban Aeronautics)子公司——战术机器人公司研制的“空中骡子”(Airmule)垂直起降无人机首次在以色列米吉多军用机场成功进行了无系留飞行，如图 6.1.19 所示。该型无人机样机已经开展了近 200 次飞行，一旦列装，将能够为需要机器人运送物资的军队或民用机构提供有利支持，并能向难以进入的环境运送物资和补给。当前样机重量为 1000 kg，采用透博梅卡公司(Turbomeca)“阿里埃尔”(Arriel)1D1 涡轮轴发动机(536.9 kW)，而生产型将采用动力更强的“阿里埃尔”2 发动机(724.5 kW)。

图 6.1.19 “空中骡子”无人机

在执行战术支援任务时，一架“空中骡子”无人机在 50 km 工作半径内每架次能够运送 500 kg 货物，可在 24 h 内运送近 6000 kg 的货物，每日持续运送可在保障 3000 名作战人员的同时输送伤亡人员。

“空中骡子”的变体，即出口型号“鸬鹚”(Cormorant)已经达到导弹及其技术控制制度(MTCR)Ⅱ类。两款无人机都是采用单一发动机的紧凑型垂直起降飞机。

6）可垂直起降的“雷击”无人机

首架“雷击”无人机样机已经上天，如图 6.1.20 所示。极光飞行科学公司称，这一版本样机检验了这种飞机的基本原理。该飞行样机重 325 磅(1 磅合 0.4536 kg)，只有极光公司未来两年为国防部高级研究项目局制造的全尺寸示范机的20%大小。这一设计将飞机的固定翼技术和直升机的旋翼技术结合在一起。

图 6.1.20 "雷击"无人机

"雷击"无人机有两个巨大尾翼，两个略小的前鸭翼，头部附近还安装了短翼。安装在机身的涡轮轴发动机可以提供3000 kW 动力，相当于一般的商业风力涡轮机。这个发动机可带动24片导管风扇，每个尾翼上有9片，每个鸭翼上有3片。"雷击"无人机可以快速飞行和盘旋，并且可在没有停机坪的区域降落。

极光公司首席技术官汤姆·克兰西说："样机的成功飞行，对极光公司和我们的客户来说，是激动人心的重要一步。我们这一设计的分布式电力推进系统，为复杂的飞行控制系统开辟了新领域。"

7）西工大的垂直起降无人机

西工大的垂直起降无人机系统已经完成了前期性的、概念性的、原理性的飞行试验。外观虽然不大，但是却能挂载两枚17 kg重的子导弹，其最大起飞重量达到了300 kg。

在"2016(第六届)中国国际无人驾驶航空器系统大会暨展览"的新闻发布会上，西工大无人机研究所的刘斌博士说，研究所在无人机创新领域重点关注三个方面：新概念布局、新材料结构、新能源动力。

当然，除了军用无人机，西工大无人机所也有成熟的民用无人机产品。目前，国土资源部、环保部等部门都在使用西工大的无人机产品。

8）Wingtra 研发的复合型无人机

Wingtra 研发的复合型无人机采用复合翼方案，配有固定翼，翼前装有螺旋桨，对起降场地没有过多要求，即便是房屋之间的狭小地带或者土路也能起降自如。无人机在升空后将转为固定翼模式，航程可达60 km，速度能够达到100 km/h。飞行期间，还可以完成悬停、盘旋等操作，从而更准确地执行监察任务。Wingtra 飞机外形小巧，载重能力为1.5 kg，足以搭载小型载荷执行监察任务，其问世后的第一项任务很可能是森林管理，如图6.1.21所示。

图 6.1.21 Wingtra 研发的复合型无人机

9）美国 MartinUAV 公司 V - Bat 无人机

V - Bat 无人机，如图 6.1.22 所示，采用尾座式垂直起降形式，形似扫帚底部的涵道风扇使无人机可以直立起降，升空后转换成水平飞行模式，像普通飞机一样飞行。其尾座式控制难度高，特别是平飞转悬停过程中很难平顺转换，可靠性比较低，但是效率比较高。

图 6.1.22 V - Bat 无人机

据马丁无人机(MartinUAV)公司介绍，V - Bat 能够以 80.5 km/h 的速度连续飞行 8 h，在携带足够燃料的情况下航程可达 300 英里(482 km)，速度最高达到 160.9 km/h，升限 15 000 ft(约 4572 m)。

10）"汉能"太阳能无人机

"汉能"太阳能无人机是一款采用组合式的垂直起降固定翼无人机，如图 6.1.23 所示。"汉能"太阳能无人机翼展 3 m，飞行总重 8 kg，任务载荷 0.8 kg，巡航速度 14 m/s，最大速度 33 m/s，抗风 5 级。"汉能"太阳能无人机的设计人员表示，其续航时间约 1～2 h，在无光照情况下的续航为 1 h，在光照良好时可达到 2.5 h。

图 6.1.23 “汉能”太阳能无人机

“汉能”太阳能无人机机翼表面均铺设有汉能美国子公司 Alta Devices 的砷化镓薄膜太阳能电池芯片，这种芯片具有轻、薄、柔及高效率的特性，特别适用于太阳能无人机系统。目前，“汉能”砷化镓薄膜太阳能电池最高转换效率高达 31.6%。

“汉能”太阳能无人机可广泛应用于军用、民用和商用市场，如石油天然气管道巡线、农业监控、军用警用巡逻、灾害和应急救援、航拍和土地测绘、自然资源检测、边境和海岸线巡逻、矿业监测等。

汉能全球研发中心副总经理童翔在 2016 年 6 月 19 日的北京国际无人机系统产业博览会上向媒体表示，针对传统无人机航时短的“痛点”，汉能把全球效率最高的薄膜太阳能电池应用在无人机上，集中研发持续飞行时间可达 6～10 h 的太阳能无人机。

在未来，随着复合材料技术、航空发动机技术、自动化飞行控制系统和小型化高性能雷达等电子设备的进步，垂直起降无人机会逐步克服自身的“先天不足”，创造出一个又一个让人拍手称赞的奇迹。

6.1.5 自主性与人工智能

无人机的自主性对于今后无人机的发展来说是非常重要的，而很多无人机应用的领域均要求无人机具有自主控制和应变的能力。

根据无人机自主控制的定义和内涵，无人机自主控制的关键技术应该包括态势感知技术、规划与协同技术、自主决策技术以及执行任务技术 4 个方面。

1. 态势感知技术

实现无人机自主控制必须不断发展态势感知技术，通过各种信息获取设备自主地对任务环境进行建模，包括对三维环境特征的提取、目标的识别、态势的评估等。

2. 规划与协同技术

规划与协同技术涉及两个方面：路径规划和协同控制。这两个方面相互依托，互相联系。

无人机路径规划与重规划能力是无人机自主控制系统必须具有的，即系统可以根据探测到的态势变化，实时或近实时地规划、修改系统的任务路径，自动生成完成任务的可行飞行轨迹。自主飞行无人机典型的规划问题是如何有效、经济地避开威胁，防止碰撞，完成任务目标。

未来无人机的工作模式包括无人机单机行动和多机编队协同，协同控制技术主要包括：优化编队的任务航线、轨迹的规划和跟踪、编队中不同无人机间相互的协调，在兼顾环境不确定性及自身故障和损伤的情况下实现重构控制和故障管理等。

3. 自主决策技术

对于复杂环境下工作的无人机，必然要求具有较强的自主决策能力，以适应未来的需要。

自主决策技术需要解决的主要问题包括：任务设定、编队中不同无人机协调工作、机群的使命分解等。

4. 执行任务技术

无人机自主控制发展的最终目的是使它对环境和任务的变化具有快速的反应能力。无人机自主控制应该具有开放的平台结构，并面向任务、面向效能包含最大的可拓展性。先进的无人机自主控制应当提供编队飞行、多机协同执行任务的能力。

人工智能的研究始于20世纪30年代，与无人机系统类似，均经历了过山车式的发展。通常的人工智能有两种实现方式，一个是自下而上，发展类似人类的大脑神经网络；另一个是从上向下，利用高速计算机算法模拟人类大脑的功能。

目前，人工智能的发展并没有取得明显成功，未来这方面的发展无法预估，但其成本估计会比较高，使用在无人机上还需要未来先进技术的发展。

6.1.6　通信系统的改进

通信系统，也称数据链系统，是无人机的重要技术组成，负责完成对无人机遥控、遥测、跟踪定位和传感器传输，上行数据链实现对无人机遥控、下行数据链执行遥测、数据传输功能。普通无人机大多采用定制视距数据链，而中高空、长航时无人机则都会采用视距和超视距卫通数据链。

现代数据链技术的发展推动着无人机数据链向着高速、宽带、保密、抗干扰的方向发展，无人机实用化能力将越来越强。随着机载传感器、定位的精细程度和执行任务的复杂程度不断上升，对数据链的带宽提出了很高的要求，未来随着机载高速处理器的突飞猛进的发展，预计几年后现有射频数据链的传输速率将翻倍，未来在全天候要求低的领域可能还将出现激光通信方式。

从美国制定的无人机通信网络发展战略来看，数据链系统从最初IP化的传输、多机互联网络，正在向卫星网络转换传输以及最终的完全全球信息格栅(GIG)配置过渡，为授权用户提供无缝全球信息资源交互能力，既支持固定用户又支持移动用户。

对于复杂环境下工作的无人机，必然要求具有较强的自主决策能力，以适应未来的需要。自主决策技术需要解决的主要问题包括：任务设定、编队中不同无人机协调工作、机群的使命分解等。

目前的无人机系统作为相对独立的系统只在局域使用，未来的战场在同一空域将充斥着各种功能、各种类型的无人机与战斗机和直升机。无人机之间、无人机与有人机之间、无人机与地面作战系统之间必须进行有机协调，使无人机成为“全球信息栅格”的一个节点，实现无人机与其他无人机或指挥控制系统之间的互联、互通、互操作。

针对无人机集群作战、协同作战以及网络化作战的应用需求，应突破无线宽带分布式动态多址接入、实时鲁棒的宽带传输、数据链网络顽存等关键技术，构建无人机集群数据链自适应网络体系，为实现实时、宽带、安全的无人机集群数据链提供技术支撑。

针对无人机宽带网络多跳中继动态变化、节点容量受限问题，需要将网络编码技术与路由技术相结合，通过选择编码机会最大的路径进行传输，优化基于网络编码的节点接入策略及多跳网络节点间信息交换传输策略，在不增加时延的情况下提高网络吞吐量，实现网络的大容量传输。

未来无人机的发展所需要的技术是方方面面的，比如自主加油技术、精确导航、高清电视等，随着技术的发展，无人机将会有不可预估的未来。

6.2 无人机系统的持续发展

6.2.1 无人机发展对专业人才的需要

低空无人机操控技术作为一门新兴技术，在各行业领域都发挥着自己独特的作用，由于无人机具有成本低、无伤亡风险、机动性能好、可进行超视距飞行、使用方便高效等特点，故广泛应用在各行业领域。不过随着无人机应用的普及，人们对于无人机操控技术水平的要求也是越来越高，无人机驾驶员的需求也越来越多。

随着科技的发展无人机除军事用途外，在民用领域的应用也越来越广泛。由于无人机具有运行成本低、无人员上网风险、机动性能好、可进行超视距飞行、使用方便高效等特点，目前已被成功应用于影视航拍、测绘航测、高压线巡查、远程监控、救灾救援、地质勘探、农药喷洒、商业表演等领域，越来越多的行业正希望用无人机取代传统的工作方式。

据官方数据，截至2015年12月31日，我国的无人机持证驾驶员已达到2142人。中国航空器拥有者及驾驶员协会无人机专业委员会副主任段志勇老师介绍，这其中“80后”群体占到一半以上，而“90后”也有近三成的比例。无人机驾驶员在各地区人口中所占的比例显示，华北地区达到3.71(每百万人中驾驶员数量)，明显高于新疆地区的2.26和中南地区的1.64，其中香港地区也在去年实现了无人机驾驶员的“零突破”。

由于我国低空无人机操控技术起步较晚，培训机构较少，而当下无人机研发、生产、应用等机构对低空无人机操控人才的需求非常迫切，人才需求缺口大，供不应求，无人机驾驶员将是令人向往的高薪职业，也是国家紧缺人才之一。

在民航局发布《轻小型民用无人机系统运行暂行规定》之后，中国无人机用户必须考取驾照才能够合法使用无人机，同时无人机能在哪里飞、如何飞，现在也有了“交规”，飞速增长的无人机驾驶员数量背后，反映了无人机行业巨大的市场潜力。

中国目前各行各业对无人机的需求是非常大的，而未来无人机培训必将走向细化，包括测绘、电力、气象、环保、国土、海监等行业对无人机驾驶员的需求量就在5万人左右，以媒体行业为例，据估计，单是全国电视台就有约1万人需要考取无人机驾照，可以说，在很长一段时间内，我国无人机驾驶员都将处于一种供不应求的状态，无人机驾驶员职业也将长期保持火爆。

段志勇老师还透露，以现有的培训力量，我国的无人机驾驶员正在以每天50～80人的速度飞速增长，而随着报名人数和培训机构的增加，未来我国无人机驾驶员的数量将以几何数字增长。未来几年，我国无人机培训将呈现井喷的趋势，火爆的培训需求也使得无人机驾驶员成为未来20年内的潜力职业之一。

未来几年，无人机的相关服务、应用也将呈现突飞猛进的增长，无人机驾驶员也将作为一大突破点，吸引更多的无人机爱好者，带动无人机产业的发展进步。

6.2.2 无人机未来发展畅想

无人机被称为“空中机器人”，从1917年第一架无人机诞生到现在近100年时间内，无人机技术持续进步，尤其是微电子、导航、控制、通信等技术的发展，极大地推动了无人机系统的发展，促进了无人机系统在军事和民用领域的应用。

2015年9月3日中国的阅兵展示了3款无人机，如图6.2.1所示，让民众过足了眼瘾。据美国、以色列等国的未来战机规划，未来无人机将超过有人机。我国军用无人机紧随以美国、以色列为首的第一梯队之后，处于第二梯队，发展空间巨大。

图6.2.1 我国9.3阅兵所展示的无人机

民用无人机的需求的巨大市场不亚于军用无人机。未来的无人机将集成更多的机器人技术和更先进的算法，装备更多的传感器，加载更多的任务载荷设备，接入外部网络，智能化地完成各种复杂的任务。

民用无人机用途极为广泛，未来市场主要集中于农林植保、影视航拍、电力巡检等领域。借鉴美国对民用无人机监管逐步放松的历程以及国内民用无人机政策的规范和低空空域改革的深化，我国民用无人机行业将呈现爆发式增长。

无人机行业未来的发展趋势大概有4个方面。

1. 智能化趋势

未来无人机应该是智能化的，而不仅仅只是听从人类指令而被动行动的工具。未来战场瞬息万变，战机往往稍纵即逝，因此，一架具有主动判断能力和卓越战场感知能力的智能化无人机就能在战场上迅速取得先机，从而赢得战争胜利。

2. 隐身化趋势

现代防空武器的迅速发展，对无人机的隐身性能及机动性能提出了更高的要求。为提高无人机的机动性能和战场生存能力，未来无人机需要朝着隐形化、微型化方向发展。特别是翼展不超过15 cm的特微型无人机，携带方面，战术灵活，可以在提高生存能力的同时大大增强战争侦察、渗透能力。

3. 集成化趋势

未来无人机正朝着系统集成、综合传感方向发展，为增强无人机的通用性，未来无人机将不再有明显的分类，一架无人机就能完成侦察、探测、打击、评估等一体化任务。同时，针对未来一体化战争趋势，无人机数据链可以与有人战斗机迅速分享，各自分工，应对不同任务的需要。未来的无人机系统更强调高度集成化，以满足灵活多变的作战任务需求。

4. 民用化趋势

根据《美国陆军无人机系统路线图(2010—2035)》，无人机在军用领域的应用范围将进一步扩展至C 3I指挥控制、空战、加油、空运等更多类型的作战任务，逐步对有人驾驶飞机形成替代。而在民用领域，随着对无人机应用价值认知程度的加深，无人机在遥感测绘、边海防、森林防火、管道巡线、警务执法等方面的应用已开始起步，并呈现出迅猛发展之势。未来，全球民用无人机的市场需求将以年均近30%的速度快速递增。

参考文献

[1]　(美)法尔斯特伦·格里森. 无人机系统导论. 4版. 郭正, 等, 译. 北京: 国防工业出版社, 2015.

[2]　(美)巴恩哈德. 无人机系统导论. 沈林成, 等, 译. 北京: 国防工业出版社, 2014.